普通高等教育工业设计专业系列教材

DESIGN

产品形态设计

Product Form Design

张 昆 宁 芳 编著
何晓佑 主审

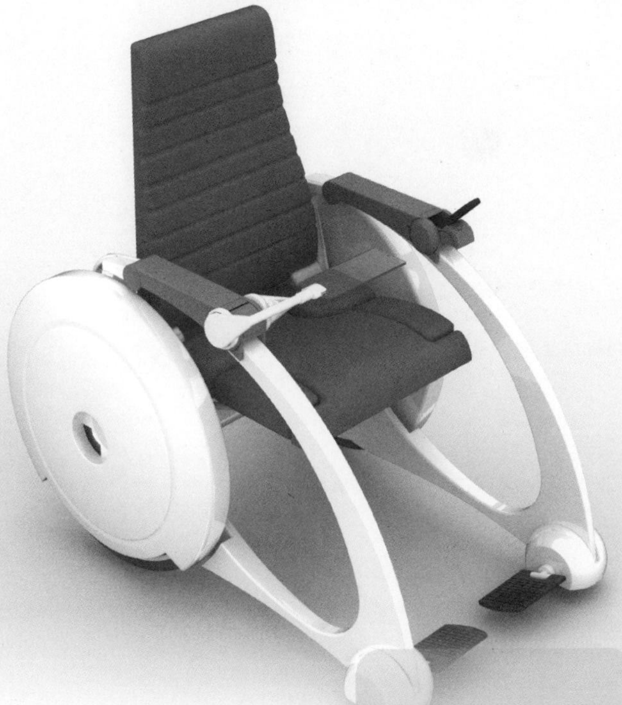

机械工业出版社
CHINA MACHINE PRESS

本书系统介绍了产品形态的相关概念、设计要素、影响因素、设计原则、设计方法与程序等内容。本着通俗易懂、系统全面、深入浅出的宗旨，结合大量最新设计案例进行剖析，使本书具有很强的易读性和可操作性。

本书可作为高等院校工业设计专业及相关专业学生的教材，同时也可供从事产品设计的人员参考。

为方便教学，本书配有 PPT 电子课件，位于机械工业出版社教材服务网上（www. cmpedu. com），向使用本书的授课教师免费提供。

图书在版编目（CIP）数据

产品形态设计/张昆，宁芳编著．—北京：机械工业出版社，2010.7（2020.8 重印）
普通高等教育工业设计专业系列教材
ISBN 978-7-111-30882-9

Ⅰ.①产…　Ⅱ.①张…②宁…　Ⅲ.①工业产品—造型设计—高等学校—教材　Ⅳ.①TB472

中国版本图书馆 CIP 数据核字（2010）第 103149 号

机械工业出版社（北京市百万庄大街 22 号　邮政编码 100037）
策划编辑：冯春生　责任编辑：冯春生
责任校对：张晓蓉　封面设计：张　静
责任印制：李　昂
北京汇林印务有限公司印刷
2020 年 8 月第 1 版・第 5 次印刷
210mm×285mm・8.25 印张・182 千字
标准书号：ISBN 978-7-111-30882-9
定价：32.00 元

电话服务　　　　　　　　　网络服务
客服电话：010-88361066　机　工　官　网：www. cmpbook. com
　　　　　010-88379833　机　工　官　博：weibo. com/cmp1952
　　　　　010-68326294　金　　书　　网：www. golden-book. com
封底无防伪标均为盗版　机工教育服务网：www. cmpedu. com

前　言

随着社会政治、经济、文化的发展，人们不仅重视产品的物质性和功能性，而且追求产品的情感性和象征性，产品作为企业与用户沟通的桥梁，承载着满足用户需求和传达品牌价值的双重任务，产品形态作为产品的外在物化形式正发挥着越来越重要的作用。

近年来各院校的工业设计专业大都开设了“产品形态设计”课程，其目的就是研究产品形态创新和形态的信息传达问题。由于产品形态设计涉及到了众多客观因素和主观因素，作为一门单独开设的课程，面面俱到地深入讲解是不可行的，现有的教材也是各有侧重。本书基于工业设计专业的教学思想，以点带面，对各个知识点进行简明扼要的阐述，结合图例，尽可能深入浅出地分析产品形态设计的系统知识，书中图例大都来自于国外知名设计奖项（Red Dot、IDEA、NORSK DESIGNRÅD等）的商业化产品或著名企业的经典产品，希望学生在增加感性认识的同时，尽快掌握产品形态设计的要点和基本方法。希望对学习工业设计专业的学生、朋友，或从事工业设计教学的同行有一点参考价值。

本书在编写的过程中得到燕山大学张玉江老师的大力帮助和支持，在此深表感谢；感谢南京艺术学院何晓佑老师对本书评审工作做出的努力；感谢机械工业出版社编辑人员的热忱和推动。书中的部分图片是互联网收集的资料；部分是设计公司（工作室）的设计作品。由于时间仓促，未能一一与设计作品的作者取得联系，在此表示由衷的谢意！

由于编者水平有限，书中错误之处在所难免，恳请大家批评指正。

编著者

目　录

CONTENTS

前言

第1章　产品形态概述 1

1.1　产品形态的概念 2

1.1.1　形态 2

1.1.2　产品形态 3

1.2　产品形态特征 4

1.2.1　功能性 5

1.2.2　审美性 5

1.2.3　象征性 6

1.3　产品形态观的演变 7

1.3.1　功能至上的形态观 7

1.3.2　注重人机的形态观 8

1.3.3　突出情感满足的形态观 10

1.3.4　注重生态环境的形态观 11

第2章　产品形态的要素 13

2.1　形状 14

2.1.1　点 14

2.1.2　线 16

2.1.3　面 18

2.1.4　体 19

2.2　色彩 22

2.2.1　色彩的概念 22

2.2.2　色彩的对比与调和 23

2.2.3　色彩的效应 24

2.2.4　色彩的指示性 24

2.2.5　色彩的象征性 25

2.3　质感 26

2.3.1　质感的概念 26

2.3.2　质地与肌理 27

2.3.3　视觉质感与触觉质感 27

2.3.4　肌理与形态 28

2.4 图形用户界面 28
2.4.1 界面的概念 28
2.4.2 图形用户界面的特征 29

第3章 影响产品形态设计的因素 31
3.1 功能与产品形态 32
3.2 技术与产品形态 35
3.3 材料与产品形态 37
3.3.1 材料的自然属性 38
3.3.2 材料的感觉特性 40
3.3.3 材料与社会 41
3.3.4 材料与形态创新 41
3.4 结构与产品形态 43
3.4.1 结构与产品形态的关系 43
3.4.2 形态物理性能与结构 43
3.4.3 形态视觉特征与结构 45
3.4.4 结构创新与形态 46
3.5 环境与产品形态 46
3.5.1 物理性环境与产品形态 47
3.5.2 社会性环境与产品形态 50
3.6 生活形态与产品形态 50
3.7 时尚与产品形态 52
3.8 品牌与产品形态 53

第4章 产品形态设计的原则 57
4.1 创新性原则 58
4.2 功能性原则 58
4.3 审美性原则 62
4.4 感性化原则 69
4.5 识别性原则 71
4.6 环保性原则 72

第5章 产品形态设计方法 73
5.1 功能主导型产品形态设计方法 74
5.2 文化象征型产品形态设计方法 77
5.3 品牌形象主导型产品形态设计方法 80
5.4 艺术审美主导型产品形态设计方法 89
5.5 情趣型产品形态设计方法 98

第6章　产品形态设计的程序 …… 107
6.1　产品形态设计流程 …… 108
6.2　设计任务与设计计划 …… 108
6.2.1　设计任务 …… 109
6.2.2　设计计划 …… 109
6.3　设计调查 …… 110
6.4　产品概念 …… 110
6.5　设计概念 …… 112
6.6　方案设计 …… 113
6.6.1　概念构思 …… 113
6.6.2　概念评价 …… 114
6.6.3　方案发展 …… 115
6.6.4　方案优化 …… 115
6.6.5　展示模型制作 …… 118
6.7　方案评价 …… 119
6.8　设计文件 …… 119
6.8.1　设计报告 …… 120
6.8.2　设计展示 …… 120
6.8.3　设计制图 …… 120
6.9　原型测试与修改 …… 120

参考文献 …… 122

第 1 章

产品形态概述

本章介绍了形态和产品形态的概念、产品形态的特征，以及产品形态观的演变历程。

1.1 产品形态的概念

1.1.1 形态

想要了解产品形态先要了解什么是形态以及形态的类型。许慎《说文解字》中：“形，象也；态，意也。”现在通常认为形态有两种不同的含义：① 形状神态，形状姿态；② 指事物在一定条件下的表现形式。

与产品设计和艺术创作相关的形态，“形”指客观物象的记录与反映，是客观、具体、理性、静态的物质存在，涉及物体的尺寸、比例等；“态”是视知觉进行了积极的整合、组织或建构后，对“形”的感知和主观意识的把握，富有内涵、生命力和灵魂。“形态”即物体外形与神态的结合，两者相辅相成，不可分割，正所谓“形者神之质，神者形之用”，“无形而神则失，无神而形则晦”。中国历代书画家在创作中都追求形神合一的境界，如图1-1所示的白描图画中，通过对人物体形大小和曲直以及动作的对比，使小鬼的丑陋、猥琐、渺小形态与钟馗的刚正、威严、挺拔形态形成鲜明的对比，越发突出正与邪、善与恶的人物内心世界的对比。正应了“内心之动，形状于外”的说法，把人物性格和造型完美地统一了起来，达到了形神兼备的境界。如图1-2所示，毛泽东书法作品《沁园春》气势磅礴，反映了作者的性格和远大抱负。

图1-1　白描图画中钟馗与小鬼的形态形成鲜明的对比

图1-2　毛泽东书法作品《沁园春》气势磅礴

对于形态的把握和理解离不开人的视觉和知觉，一个客观存在的物体首先通过视觉等感觉器官在人脑产生直接的反映，即感觉，感觉是人认识世界的开端，是形态感知的基础。人脑具有思维能力，会将客观事物与主观意识进行综合整体反映，即知觉，知觉是形态认知、识别的基础。当然，在一定的环境条件下，人脑感知客观事物会出现种种方面的偏差，即错觉。错觉特别是视错觉是形态认知的特殊状态，对产品设计和艺术创作有着特殊的意义。

形态一般可以分为两大类：具象形态和抽象形态，如图1-3所示。具象形态是人可以直接感知得到的，或触摸到的，又分为自然形态和人为形态。自然界的动植物、山川河流等自然形成并存在的形态属于自然形态，自然形态靠自身的变化规律和自然力的作用衍生。生活中人类用一定的材料，利用加工工具创造出来的各种形态的建筑、物品等属于人为形态，又称人工形态，是按照人的意志加工形成的。抽象形态是不能直接触摸的，必须依靠想象，存在于人的思想观念之中的形态，是抽象的，需要通过一系列抽象符号表现。抽象形态根据形态类型和成因不同，可以分为几何形态，有机形态和偶然形态，如图1-4、图1-5所示，其中，偶然形态是偶然形成的，具有不可复制的特点。

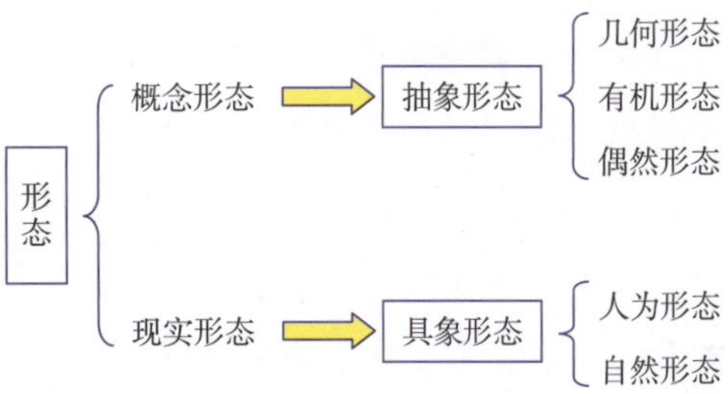

图1-3　形态分类

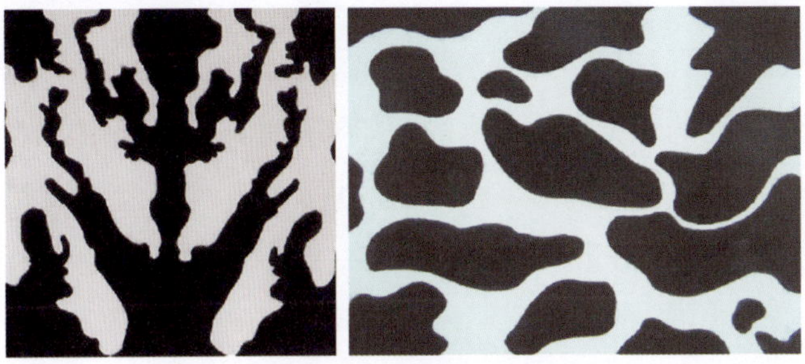
图1-4　有机形态

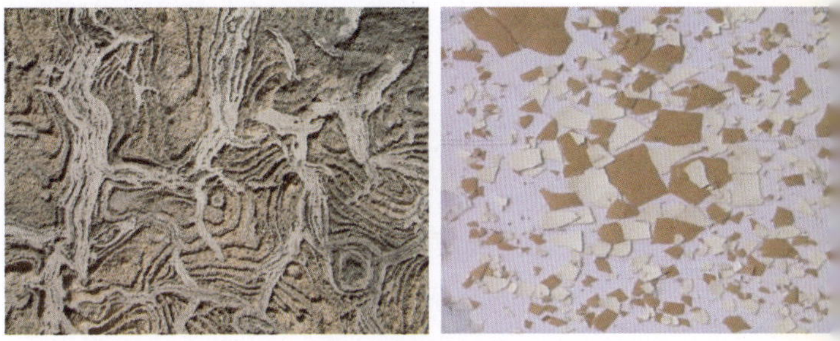
图1-5　偶然形态

1.1.2　产品形态

产品是被批量生产出来的满足人们某些特定需求的物品，这种需求包括物质和精神两个方面，也就是产品功能的使用功能和审美功能这两种属性。产品首先得满足一定的使用功能需求，这是产品存在的先决条件和意义所在，而使用功能的实现又必须依托一定的机构、结构、材料、色彩等物质因素，这些因素综合起来，外在表现为一定的形式。在实现产品的使用功能的同时，这些物质因素整体也赋予产品一定的外形特征，这些特征像是产品的外观表情，使人产生各种各样的生理和心理反应，从而使产品具有某种神态，因此产品也就具有了精神方面的意义，即审美和象征的功能。如图1-6所示为意大利经典打字机设计，设计者一改以往打字机的冷漠机械外表，在整合功能操作部分的

图1-6　意大利经典打字机设计

同时，赋予其整洁、流畅的红色外观，不仅更好地满足了使用者的功能需求，更满足了众多女性办公室秘书的审美需求，成为了文艺、浪漫的意大利设计的代表作。

这里需要指出几点经常被初学者忽视的问题：

第一，产品形态是由材料、色彩、工艺、机构等因素综合呈现的，因此形态不只是产品的外观形状。产品形态是由设计师创意并通过一定的材料、工艺、技术通过生产来实现的，因此，产品形态的最终实现受材料、结构、工艺、生产条件等诸多因素的限制和影响，所以，设计师除了要具备良好的形态创造和表达能力外，还应该具备良好的材料工艺方面的知识，了解生产工艺和过程，从而更好地实现科学技术与艺术审美之间的结合，创造出丰富多彩的产品。

第二，人们对产品形态的认知是一个受到内因和外因诸多因素影响的复杂的过程。同样的一件产品，因为受众所处的环境、背景不同，性别、年龄、文化背景、生活经验、心情等存在差异，得到的心理认知也存在差异。所以，人们对形态的心理感受是复杂的，但是人类具有相似的感觉、知觉特点，对特定事物的形式具有固定的认知经验，因此，在特定的受众人群中存在对形态认知的规律性，只要加以研究就可以应用到设计中去，实现设计意图从设计师到用户的有效传达。

第三，也是最重要的一点，虽然产品形态可以有效传递情感，通过与受众情感上的共鸣来实现销售的目的，但是，形态对产品使用功能的承载是最根本的，如果产品形态不能很好地为产品功能服务，甚至阻碍产品功能的实现，那么再美的形态也只是形式而已，经不起时间和市场的考验。所以，初学者必须首先树立起产品功能实现重要性的观点，然后再去适当地追求形态的艺术性。

1.2 产品形态特征

产品设计是产品内部环境和外部环境的结合，内部环境指的是产品自身的物质和组织，外部环境指的是产品的工作或使用环境。产品形态作为内部环境和外部环境交流的媒介，承载着人、机、环境三者间交流桥梁的重担。也就是说，产品形态起着容纳、保护产品内部机构等组织内容，帮助产品实现其使用功能，与此同时，起着与外部环境沟通和协调的作用，实现情感、体验、文化等非物质方面内容传递的功能。因此，从产品形态传达的内容层次上可以将产品形态的特征分为：功能性、审美性、象征性，如图1-7所示。这同时也是产品形态的作用和价值所在。

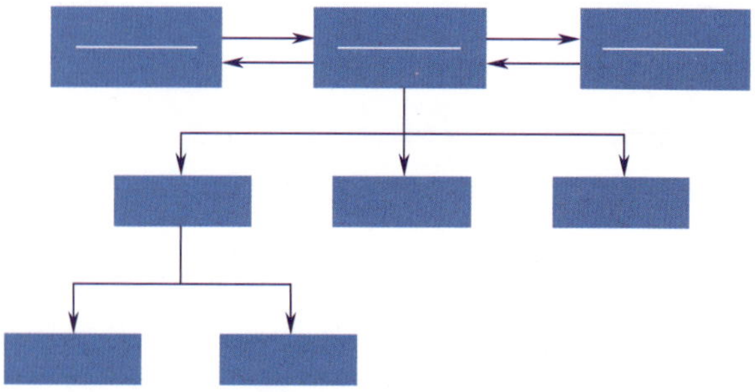

图1-7　产品形态特征

1.2.1　功能性

李砚祖先生在《论设计美学中的“三美”》中曾经讲到：人们设计和生产产品，有两个起码的要求或者说其产品必须具备两种基本特征，一是标志产品属性的功能；二是作为产品存在的形态。功能即其使用的价值，是产品之所以作为有用物而存在的最根本的属性。在设计中重功能的思想并不是现代人所独有的，早在人类创物之初这一思想已经成为设计的基本思想了。北宋范仲淹曾赞美水车说：“器以象制，水以轮济”，也就是人要想达到提水灌溉的目的，这个器必须需要依附一个形式来实现，也就是功能要依靠形式来承载。范仲淹认为筒车的造型就代表了它的结构，这个器物结构必须依附在“象”这个形态上，才能完成其升水功能。产品的实用功能是决定产品形态的主要要素，从美国芝加哥学派开始，其代表人物路易斯·沙利文提出的口号“Form Follows Function（形式追随功能）”，就成了现代主义和功能主义最根本的设计理念，至今仍然有积极的意义。比如设计的鱼缸再别致，但不能盛放养鱼所需要的足够的水量，则是徒劳；同样，形式再完美的飞机如果不能起飞，充其量只能算是个模型。无论设计形式复杂还是简约，复古还是现代，活泼还是冷漠，好的设计的根本条件就是能够很出色地体现和完成产品的使用功能，体现产品的最根本的价值。这也是产品形态区别纯粹的艺术形态的根本所在。随着社会的进步，人们对产品形态功能的定义和内涵有了新的理解，将功能从物质功能延伸到精神功能的层面，为保持和现代主义这一主流设计理念相统一，这里讲的功能性还是指产品形态的物质功能性，精神方面的功能将在下面讲述。

产品形态的物质功能包含技术功能和使用功能两方面。技术功能指产品形态本身所具备的结构性能、工作效率、可靠性等技术方面的性能和功效，主要研究的是物与物之间相适应和协调的关系，从而更好地实现产品的既定功能。使用功能是指人和产品交互的过程中，产品形态所具有的易用性、安全可靠性、舒适性等方面的性能，主要从人与物的角度出发，研究产品形态如何更好地与人相适应，使人在使用过程中感到轻松、安全、方便、省力、舒适。

因此，设计师在学习过程中应该尽可能地掌握好机械、结构、加工工艺等方面的知识，在设计过程中才能更好地处理产品内部技术方面的问题，实现产品使用功能的优化。还应掌握好人机方面的知识，了解人体尺度、人的感知特点和人的能力范围等诸多与物质形态相关的因素，为更和谐地处理人与物之间的关系做准备。

1.2.2　审美性

马斯洛需求层次理论如图1-8所示，其揭示了人的需求是分等级的，从基本的生理需求到高层次的情感需求和自我实现，人们在满足了低层次的需求后，便开始追求更高层次的需求，总是从物质层面的满足向精神层面的需求晋升。现在物质生活水平大幅提高，各种生活用品琳琅满

图1-8　马斯洛需求层次

目，学术界称大多数产品已进入同质化时代，为了实现吸引消费者眼球和占领市场份额的目的，许多厂家不得不在产品造型设计上下功夫，尽可能使产品形态具有良好的亲和力和艺术感，能够与用户在情感上产生共鸣，从而实现销售的目的。这也是产品设计师为什么要学习与艺术相关的知识的原因，他们的工作不仅要设计出好用的产品，更要设计出可以美化生活的产品。

产品形态的审美性指的是产品的造型形象通过不同的美学特征、通过人的感官传递给人的一种特定的心理感受，例如稳重、柔和、自然、圆润、高雅、有趣、新奇、高科技感、活泼、寂寞、冰冷等。虽然审美体验因人而异，但是在多次的产品形态认知过程中，人们往往会逐渐形成相对稳定的感性印象，并且相似的文化背景也使得对特定的产品形态具有相似的感性认知。所以，具有审美性的产品可以与消费者的内心情感达到一致和共鸣，使消费者的情感需求得到满足。产品形态的审美性同艺术形态的审美性具有相似性，因此，使得产品形态甚至可以影响人的思想，陶冶人的情操。与纯粹的艺术形态不同的是产品形态是通过工业化大批量生产出来的，并且以满足用户的需求为目的，而艺术作品主要是艺术家自身主观情感的表现。

意大利阿莱西的设计往往以生动诙谐的造型语言和鲜艳活泼的色彩打动人心，韩国的创意生活小用品设计也同样用别出心裁的设计语言赢得消费者的欢迎，如图1-9所示。在学习过程中，一定要重视对形态、空间、色彩、材料等因素的学习，掌握不同产品形态的感性特征，从而更好地为产品设计服务。

图1-9　韩国产品设计

1.2.3　象征性

如果说对消费者感性方面的满足还只是浅层次的精神方面的满足，那么对产品形态精神特征较高层次的体现就表现为对消费者身份地位、个性、形象、社会和文化归属感方面的体现和满足。这就是产品形态的象征性，指的是产品造型形象所代表的时代特征和显示一定意义的作用。这是一种深层的认知结果，是在设计中隐含的意义特性，往往由产品形态和使用情境共同产生特定的含义。

象征性有时反映为对个性和身份地位的象征，毕竟谁也不甘愿与别人雷同，都有渴望自由、张扬个性、获得身份认同和尊重的要求。产品形态对人的个性、身份地位的象征主要是通过产品品牌形象的塑造来实现的。在市场竞争中，产品品牌形象由广告宣传、产品质量、产品形象、企业形象等因素共同作用，在消费者心中逐渐形成，往往直接表现为价格方面的巨大差异化。这种相对稳定的品牌形象和价格差异往往又成为人们对个性和身份地位象征的工具和手段，虽然是一种较功利性的方法，但还是具有相当现实的意义。比如说Apple品牌的简约和人性化高科技感的形态特征就成了时尚和卓越品质生活个性的代名词；IBM的笔记本电脑以其经典的黑色和稳重的外观，象征着高品质、高性能、高可靠性，同时尽显其主人的高效率、稳重可靠的性格；MINI汽车由于其经典复古的英伦风格成为精致品味生活的象征。

象征性有时又反映为对消费者社会和文化归属感方面的满足。这需要消费者在使用体验产品时，结合自身的经验和背景，从心底感受其传达出来的特定情感、文化感受、社会意义、历史文化意义或者仪式、风俗等深层含义，体会到一种来自历史、文化的特殊韵味。因为消费者自身经验和文化背景存在的差异性，因此对产品形态传达出来的象征性理解也存在一定的偏差，但是还是有一些产品形态能够跨越历史和文化的鸿沟，使各地人们拥有相通的情感体验。这也是设计师要学习产品形态设计的原因。特别是在当今弘扬民族文化的时代背景下，学习掌握中国传统文化内涵和符号，与现代工业生产相结合，提高我国工业产品附加值，树立中国产品品牌形象，对中国经济和综合实力的提升有着极其重要的作用。

总之，这三种不同层面的特征在实际设计和生产过程中是不可分割的一个有机整体，它们统一在产品形态中。好的设计应尽可能地、更好地体现产品的使用特性，并带给人美的感受，同时还能够体现使用者的个性、身份地位、文化特征等。

1.3　产品形态观的演变

形态观是一种设计师构建形态的意识，反映了设计师形态创造的思维与价值思考活动，受工业技术、文化、流行等因素影响。一般反映为某种特定的设计风格，与设计流派的形态认知息息相关。可以说，工业设计师的形态观决定了产品形态的最终呈现方式。随着社会的飞速发展和第三次产业革命的推进，科技为各种产品形态的塑造提供了前所未有的技术支持，与此同时，现代社会也体现出多元化发展的趋势，这就要求设计师对产品形态观的发展过程和趋势有清晰的认识和把握，从而为产品形态的生动塑造服务。

1.3.1　功能至上的形态观

在设计史上，19世纪美国的芝加哥学派中坚人物路易斯•沙利文（Louis H. Sullivan，1856—1924）第一个提出了著名的“形式追随功能（Form Follows Function）”的思想。沙利文说：“自然界中的一切东西都具有一种形状，也就是说有一种形式，一种外观造型，于是就告诉我们，这是些什么以及如何和别的东西区分开来”，“哪里功能不变，形式就不变”。他认为“装饰是精神上的奢侈品，而不是必需品”。“形式追随功能”这一简明扼要的短

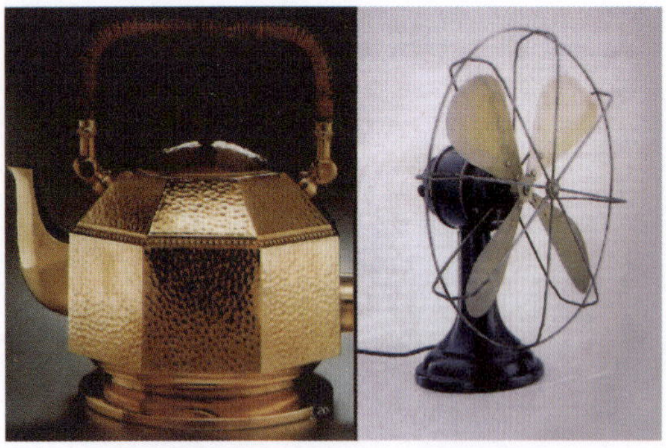

图1-10　功能主义产品设计

语，几乎成为在美国所听到、看到的设计哲学的唯一陈述，也成为日后德国包豪斯信赖的教义（图1-10）。这些观点，后来由他的学生莱特进一步发挥，成为20世纪前半叶工业设计的主流——功能主义的主要依据。现代主义功能观认为一件物品的美与价值取决于它对其目的的适应性，强调功能对于形式的决定作用，认为产品形态应该真实地反映产品的使用功能和强调标准化的生产，反对一切的装饰，产品造型上多表现为对纯粹几何形态的追求。这种简洁的形式因其对工业化大批量生产的良好适应性逐渐发展成为具有机器美学特点的国际化设计语言。标准化的大批量工业生产模式大大降低了产品成本，并提高了产品质量，使得产品能被更多的普通大众所接受，因此，学术界评价说现代主义作为一场具有革命、民主意义的运动，代表了一个时代的精神，无论在意识形态还是形式特征方面都具有划时代的意义。但是自从现代主义在战后发展成为独霸一方的国际主义设计风格，它的排它性、风格上的单调性，逐渐取代了原来的民主特征，意识形态上走向了自己的反面。这样的产品给人的感觉是过于严谨和理性，缺乏亲切感，忽视了对人性自身的理解与尊重，无法满足人类的情感需求。

1.3.2　注重人机的形态观

产品功能的实现必须有使用者的参与才能完成，再完美的功能设定，如果不能很好地被使用者理解并掌握，就不能认为是好的设计。在人和产品进行交互的过程中，只有那些在研究和遵循人类行为习惯和规律基础上进行的设计，才能表现出良好的操控性、易用性、舒适性。而研究人与产品交互关系时就要运用人机工程学相关的知识，比如通过对人体各部位尺寸、动作范围和功能进行研究，使人的生理尺度与日常使用的物品尺寸协调起来，从而使产品更宜人、更有效率；引进试验心理学和生理学的研究成果，根据人的手、眼、脑的特点来设计，以提高产品工作效率等。

20世纪早期美国爱荷华大学艺术史学院胡宏述教授曾提出过“形式追随行为（Form Follows Action）”的形态观念，就是在强调产品功能设计的同时更加强调以用户为中心的人机交互设计，强调产品形态设计中要融入对用户的行为动作、操作使用方式和行为习惯的研究。这对优化产品人机界面，提高产品可操控性和使用效率，降低因疲劳操作而导致的对用户健康的损伤等方面起到了积极的作用。图1-11所示的可拆卸调节的鼠标设计，就是通过选用不同尺寸的部件来实现产品更好的人机关系的典型代表。图1-12所示的拉环式的插头设计，不仅使得产品形态更加美观，更使得使用安全性和产品易用性得到了很大的提高。图1-13所示的可调节的课桌椅设计，就是从研究学习者坐姿和学习时的各项指标入手，使得设计更加人性化，也更符合人体健康要求。设计不分大小，只要从科学的角度出发，认真以用户为中心进行研究，再陈旧的课题也能焕发青春。

随着信息技术和其它高科技技术的迅速发展，人机工程学又有了更加广阔的用武之地，如何在新技术与用户之间建立起协调的关系成为人机学研究的新课题。

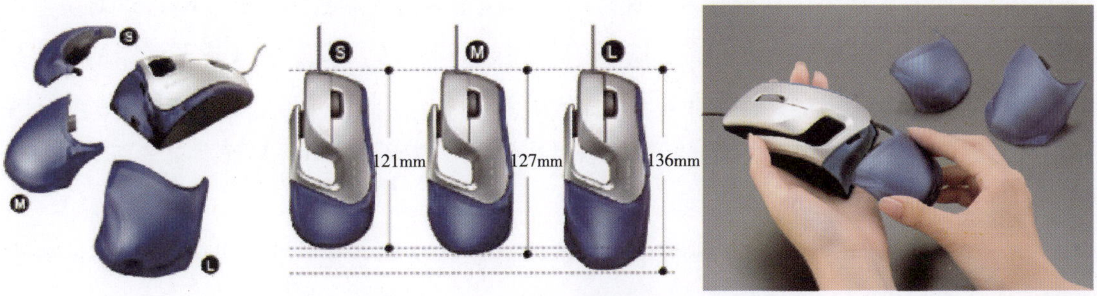

图1-11 可拆卸调节的鼠标设计

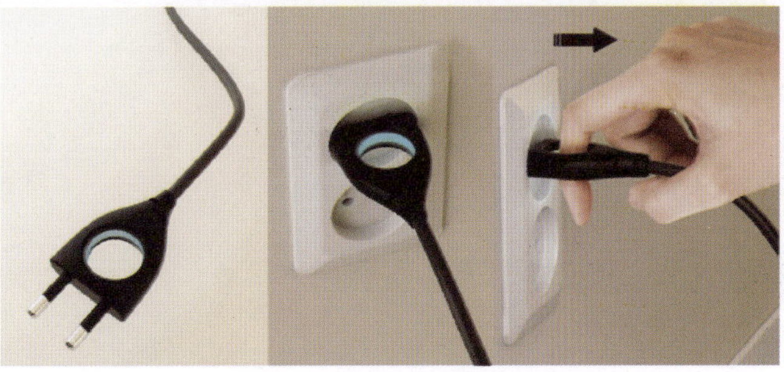

图1-12 拉环式的插头设计

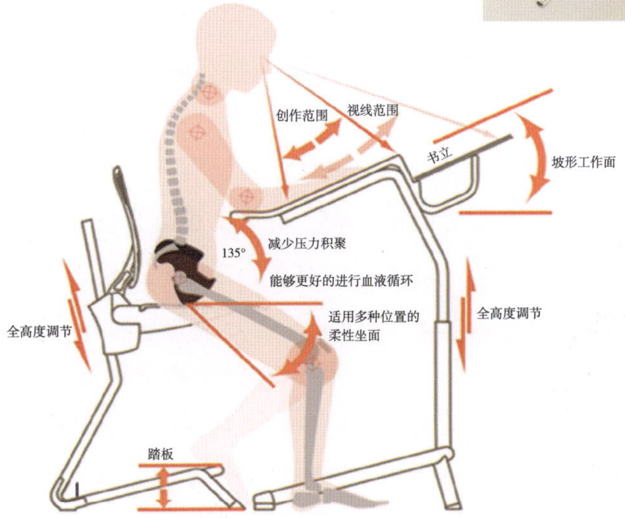

高度可调节的灵活桌椅

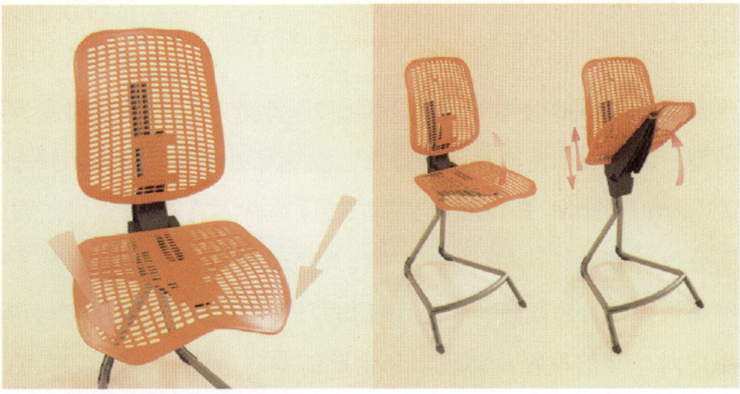

图1-13 可调节的课桌椅设计

1.3.3 突出情感满足的形态观

第二次世界大战后，科学技术飞速发展，出现了大量的新技术、新材料，这对工业设计的演化产生了重大的影响。20世纪60年代开始兴起的电子化浪潮，由于电子线路的功能是看不见的，人们无法仅从外观上判断电子产品的内部功能，因此，“形式追随功能”的信条在电子时代就没有真正的意义了。加上塑料等新材料的广泛应用，使得产品形态有了更多的自由创作空间。

意大利以贝里尼为代表的一些设计师最早意识到这种变化，提出设计要更多地考虑文化、心理及人际关系等方面的因素，即赋予简单的外形以一种有价值的内涵。

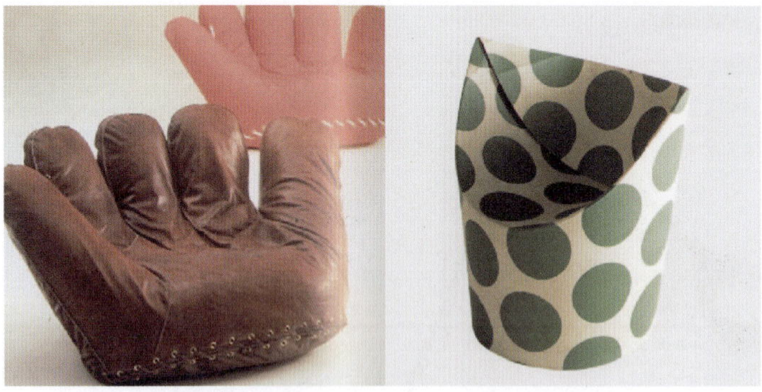

a）　　b）

图1-14　波普风格的家具产品

a）意大利的波普家具　b）穆多什设计的儿童椅

a）　　b）

图1-15　“孟菲斯”设计

a）格雷夫斯设计的自鸣式水壶　b）索特萨斯设计的博古架

20世纪60年代的流行风格——波普风格，代表了工业设计追求形式上的异化及娱乐化的表现主义倾向，形式上追求大众化、通俗的趣味性，并大胆采用艳俗的色彩，如图1-14所示。虽然波普风格只是一场形式主义的设计运动，但是在色彩和表现形式方面的尝试却是极有意义的。

到了后现代主义设计特别是意大利“孟菲斯”的设计更是发展了一种突破固有观念的设计观，表达了极富个性的文化意义，从天真、滑稽到怪诞、离奇等不同的情趣应有尽有，如图1-15所示。

创造设计和商业奇迹的苹果公司更是因其重视高科技与高情趣的结合而闻名（图1-16）。其设计部主任乔纳森·伊维强调设计师一定要富有激情，设计要寻求那种没有技术理解也能使人亲近的元素，能与人们过去的记忆产生共鸣的元素。

著名的设计公司如奇巴、IDEO、费奇、青蛙等也都追求设计的趣味与和谐，通过色彩、造型、细节设计使产品亲切宜人、幽默可爱（图1-17）。特别是青蛙公司提出“形式追随情感（Form Follows Emotion）”的设计哲学，在2001年广州召开的国际研究会上，青蛙公司的工业设计副总裁彼特•伟柏先生作为特邀嘉宾之一在会上做了精彩的演讲，他提到：之所以对产品进行设计，就是为了能在使用我们设计的产品的用户与产品本身之间建立起更多的联系。用户对产品的喜好，体现出对情感的要求，设计者通过对产品的功能、外形等方面的创新设计，把使用者的情感更好地体现和表达出来，设计就是要解决技术方面的问题，通过视觉、颜色等技术手段来追随用户的情感。一个好的产品能与任何人建立关系，用户对产品的喜爱与否是衡量产品是否受欢迎的唯一标准。

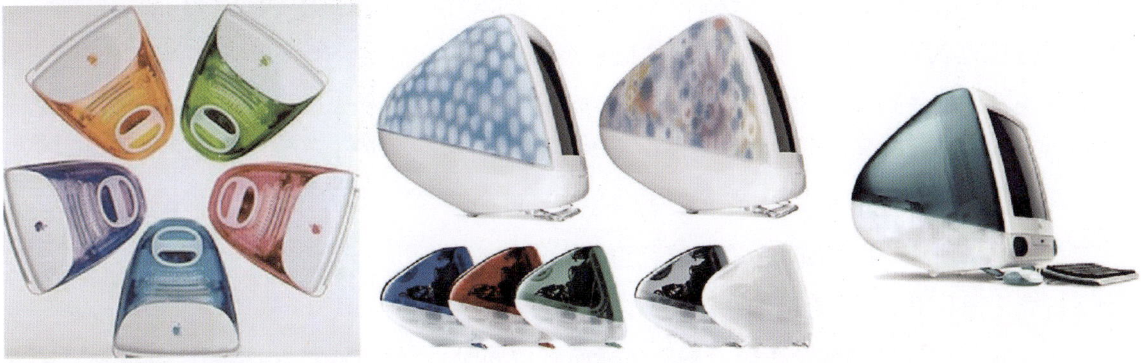

图1-16　苹果公司产品

a）　　b）　　c）

图1-17　著名设计公司经典产品设计

a）费奇公司设计的数码MoCCA微型个人电脑　b）奇巴公司为微软开发的“自然”曲线键盘
c）青蛙公司2003年为迪斯尼公司设计的一系列儿童电子产品

1.3.4　注重生态环境的形态观

在对风格形式进行了种种尝试之后，不少设计师将目光转向从深层次上探索工业设计与人类可持续发展关系的研究上，力图通过设计建立起一种人-社会-环境之间协调发展的关系。这是设计的重大转折，从此，绿色设计的概念开始深入人心，体现了设计的道德感和责任感。基于此观念的设计观要求设计师放弃那种过分强调产品外观标新立异的做法，以一种可持续发展的眼光去创造产品的形态，用更简洁、经久耐用的造型去创造产品。绿色设计着眼于人与自然的生态平衡关系，在设计过程的每一个决策中都充分考虑到环境效益，尽量减少对环境的破坏。其设计核心是“3R”原则，即Reduce、Recycle、Reuse，不仅要尽量减少物质和能源的消耗、减少有害物质的排放，而且要使产品及零部件能够方便地分类回收并再生循环或重新利用。从产品生命周期的角度看，既要从线性的生命周期观念转变成一个从设计研发到生产销售，再到报废回收、新的设计研发及生产，这样一个循环的、周而复始的生命周期观念。也就是要求设计人员在设计伊始就树立生态环境观念，从设计的细节出发，尽可能实现降耗减排、循环利用、回收再利用等可持续发展的目标。

从表面上看，绿色设计并不注重美学表现，但绿色设计强调尽量减少无谓的材料消耗，重视再生材料使用的原则，体现在外观设计上，逐渐形成了“少就是多”的设计语言。这就是20世纪80年代开始兴起的追求产品造型极端简单的设计流派——简约主义。其代表人物法国设计师菲利浦·斯塔克就经常用单纯而典雅的形态塑造完美的产品，如1994年菲利浦·斯塔克为沙巴法国公司设计的一台电视机，采用了一种可回收的高密度纤维材料模压成型制造机壳（图1-18），形态简约并富有张力。

图1-18　菲利浦·斯塔克的电视机设计

未来，设计师应该继续在努力解决环境问题的同时，创造新颖、独特的产品形象。在进行产品形态设计的过程中应该注重批量生产的技术要求，并且简化生产程序，降低生产成本。鲁晓波、赵超老师在《工业设计程序与方法》一书中对减少物质浪费和环境破坏的设计的相关论述很精彩，以下收录与大家分享：产品设计中应尽量减小体积，精简结构；设计生产中应最大限度地降低消耗，简化生产程序及降低生产成本；流通中做到减少环节，降低成本；消费使用中尽力引导健康操作，减少对健康的损害，降低污染；维修与回收中秉承材料的可回收性与产品主体部件的可替换性。上述设计原则给设计师进行形态处理提出了更为严格的要求，这就意味着：在产品从概念形成—原料与工艺的无污染选择—生产制造—物流输送方式—包装销售—使用储存与维修—废弃和回收—再利用处理等各个阶段中，设计师要做到完整系统地思考和处理形态与结构、形态与材料、形态与功能、形态与使用等诸多因素，从对人与环境的协调关系入手进行分析、处理、评价与控制，努力使产品设计、生产与使用过程中的物质与能量消耗形成一个良性的自循环系统，这才是“绿色的形态设计观”（图1-19）。

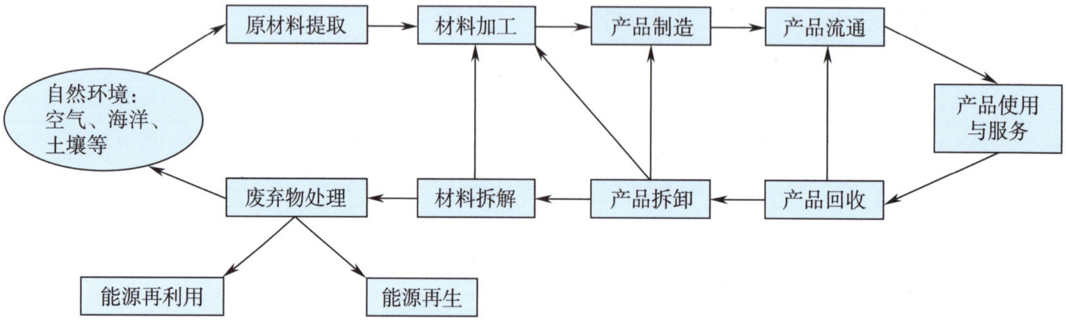

图1-19　基于绿色设计的产品生命周期

第2章

产品形态的要素

产品设计作为一种创造性的活动，设计结果往往以物质形式来表现。在当代社会生活中，形形色色的产品设计充满于人们的视觉领域和生活领域。为了更好地掌握产品形态设计规律和方法，产品形态要素可分解为形状、色彩、质感三个要素。考虑到信息技术的迅猛发展，图形用户界面的作用越来越显著，故把其作为产品形态构成的第四个要素加以分析。

2.1 形状

形状是构成形态的必要原质，可以解构成点、线、面、体四种基本的造型要素。在几何学上，点、线、面、体是一种视觉上引申出来的结构观念，而在产品形态分析中，点、线、面、体是一种视觉引起的心理意识。

2.1.1 点

1. 点的概念

点是形体最小的构成要素，通常与线和面相关联，不易于被明确地知觉，但由于形态上的点往往是线与线或面与面相交而成，也可以说是线与面走向的集中点，点是很自然的视觉中心。因此，要了解点的特性和造型意义，在产品形态中加以应用，以更好地体现造型意图。

点是一种具有空间位置的视觉单位，无论它以任何大小、形态出现，只要它在整体空间中被认为具有凝聚性，而成为最小的视觉单位时，都可以称之为点。

点的主要特性在于通过实现的引力而导致心理张力（图2-1、图2-2）。当点处于视觉中心的位置时，给人一种稳定、静止的感觉，并成为所处区域内的统治因素。当点向边缘移动后，视觉平衡被打破，于是安定感被动感所取代，产生向心或离心的张力。当点处于边缘位置时，动势又消失，被安定感所取代。当两个或两个以上大小或形态相似的点近距离排列时，受张力的影响，会给人群化和整体的感觉。这对产品形态设计特别是复杂功能产品的设计具有积极的作用，合理利用点的张力可以实现合理的功能划分。

图2-1　Stelton 0.5L开心果真空瓶

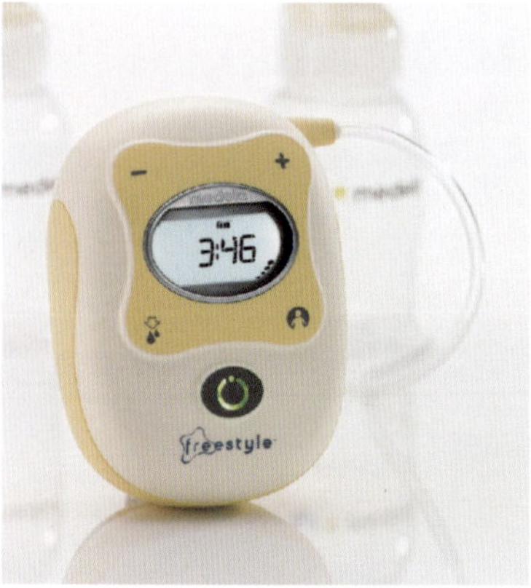

图2-2　Freestyle 吸乳器

2. 概念要素的点和视觉要素的点

概念要素的点是从几何学的角度来认识的，是抽象的，只有位置，没有面积和体积的大小。其最根本的特征是确定位置，主要包括形体轮廓线的转折点、端点，形体的极限位置点。概念要素的点有助于人们对形体的把握。

视觉要素的点比较直观，具有面积和体积的概念，既可以单独存在，也可以存在于线段之上，或线的两端、线的转折处、线的交叉处；视觉要素的点也可以存在于一个面的边角处，两个面形成转折线的两端，或三个面的相交处（图2-3、图2-4）。

用点的概念来分析造型各部位之间的关系，分析和观察形态的变化，使主要部位更加突出，以便调整各个部位之间的关系，是一种比较明确而又行之有效的方法。

图2-3　Eneloop N-SC1S太阳能电池充电器

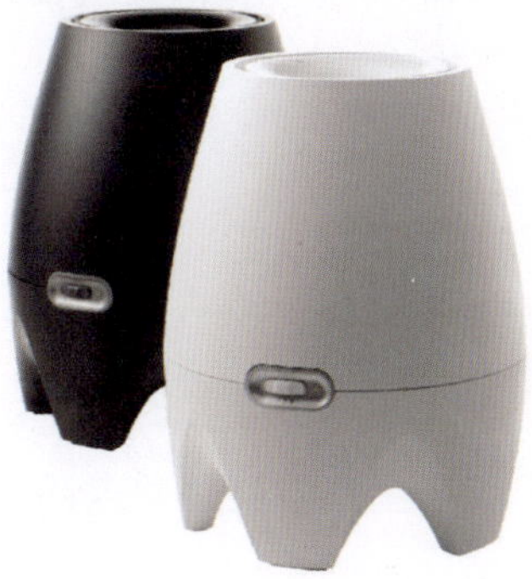

图2-4　E2441加湿器

3. 凸点和凹点

随着形体面与线的变化，除面或线上游离的点，点可以分为凸点和凹点。

凸点是面或线的外伸展的角端，不受其他部位的遮挡，具有明确而直露的特点，有一种集中的力感体现，使人感觉比较强劲，存在向外扩张和伸展的趋势。凹点是面或线向内收缩的角尽处，呈收缩状，有一定的纵深感，易受形体其他部位的遮挡，不易触及，具有一种距离感，比较含蓄，给人一种较为柔和的印象（图2-5）。

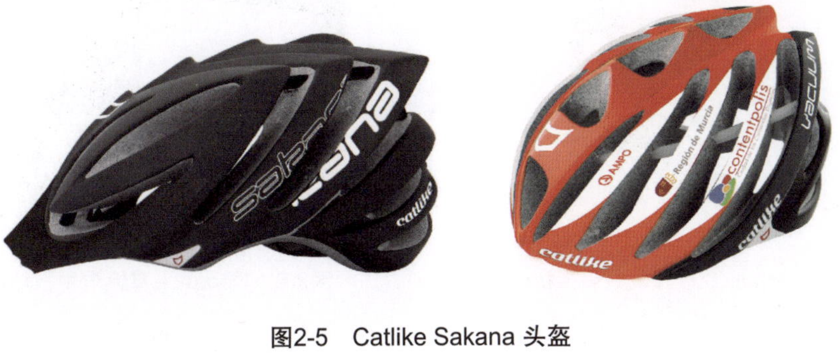

图2-5　Catlike Sakana 头盔

4. 清晰的点和模糊的点

一般形态上的点可以表达得比较清晰和明确，也可以表达得比较含蓄柔和。清晰的点棱角分明，角点固有面积很小，给人一种锐利、精确、细致的感觉；模糊的点去掉了最突出的角尖部分，使角点给人的感觉比较钝，面积相对较大，表面变化比较柔和（图2-6、图2-7）。

图2-6 Eva Solo蓝色笑脸碗

图2-7 Rosendahl Grand Cru 1L保温瓶

2.1.2 线

1. 线的概念

线比点要醒目，在视觉上有较大的延续性，具有显著的视觉表现力。

线在几何学上的定义是“点移动的轨迹，只有位置及长度，而不具有宽度与厚度”。在形态中，线是一种具有长度的“一元次空间”，只要它的粗细在必要的范围内，而且与其他视觉要素相比较，仍能显示出点的连续性质，都可以称之为线。

线根据其视觉特征可以分为直线、折线、几何曲线、自由曲线（图2-8、图2-9）。水平直线稳定，平衡；垂直直线挺拔、硬朗；倾斜的直线不稳定，具有动感。直角折线稳定；钝角折线呆滞却显优雅；锐角折线敏锐和强烈。几何曲线符合一定的数理关系，形态具有明显的规律性；自由曲线变化无常，但却自由不羁，或繁杂或悠扬。

图2-8 Argus 豆形儿童数码相机

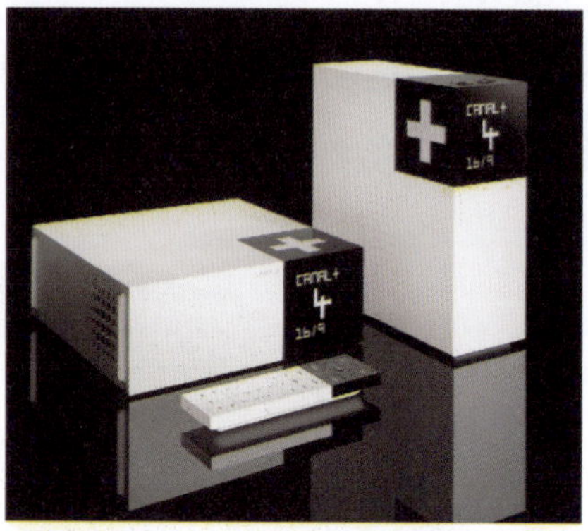

图2-9 Canal Le有线电视数字接收机

2. 概念构成的线和视觉要素的线

线可分为概念构成的线和视觉要素的线。

概念构成的线是一种抽象的线、虚拟的线，是各种物体的形与外界邻接部分的轮廓。概念构成的线是认识和表现形态的一种方式，把握形态特征的一种手段。概念构成的线随着视点的变化在形状和位置上有所不同。

线一直是用于理解和表现对象特征的一种手段，通过不同类型的线与线的对比关系，丰富着视觉效果，决定着造型的基本形态，给人们的视觉留下深刻的印象，因此，要认真研究和掌握轮廓线与形态之间的内在联系，特别要把握好两侧的投影线与立体造型的关系。轮廓线的分析必须和形体的特征联系在一起，不能孤立地进行。

视觉要素的线表现为直观的、具体的线，明确存在于造型形态表面处，在面与面相交部位，在单一面的边缘处，在两部分形体相结合的地方，有着鲜明的视觉和触觉效果。可以说，线是面与面之间的分界线，形体与形体之间的分割线，线使相关联部分的结合表现得更加明确，具有重要的造型意义，形成造型特点（图2-10）。

图2-10　我飞到月球——椅子

3. 凸线和凹线

形的形体转折线是最显著、最明确的线，如图2-11、图2-12所示。两部分形体的表面呈一定角度相交时出现线。若相交角度等于180°，形成一个完整的面；若相交角度小于180°，形成凸线；若相交角度大于180°，形成凹线。

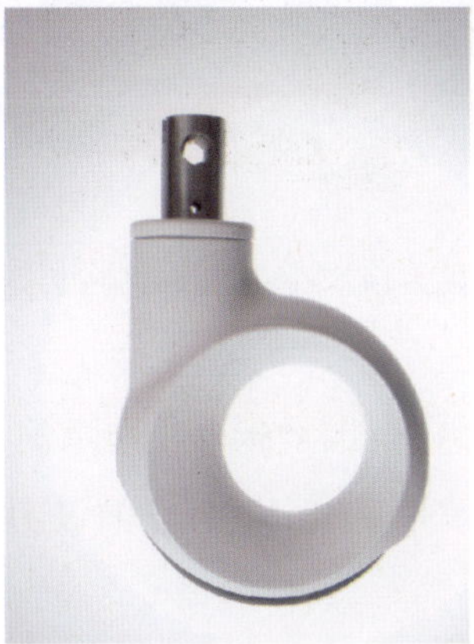

图2-11　脚轮（DKB Household生产）

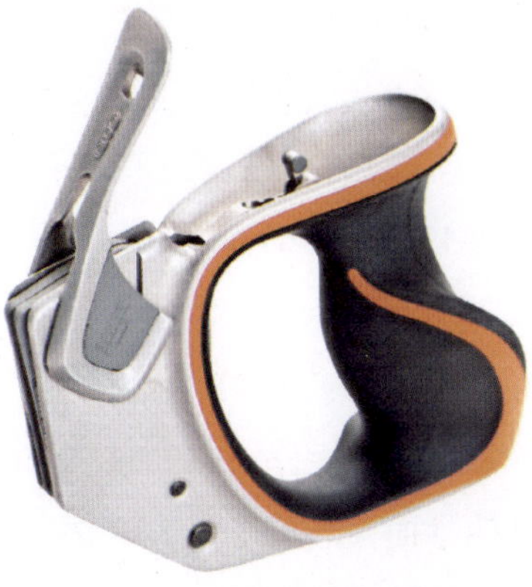

图2-12　Bahco 手锯锯柄

凸线呈凸起的棱角，具有向外伸展、扩充的视觉效果，是明确的、坚实的，有一定的刺激作用。凹线呈收进的深角，向里收缩退后，很少能作用于人的触觉，没有明确的视觉效果，使人感到比较疏远。

凸线与凹线的处理有硬线和软线之分，硬线比较清晰，有一条比较细的线；软线比较含蓄、柔和，呈一条模糊的线。线的凸凹与软硬要根据具体的造型功能、材料和视觉效果而定，既要与整体形态协调，符合材料和技术的特点，又要有助于加强造型的形式美感。

2.1.3 面

1. 面的概念

在几何学的定义上，面是“线的移动轨迹”，同时也是“立体的界限或交叉”，面是没有厚度的。在产品形态中，就是把几何概念中的面视觉化和触觉化，凡是物体最外层所展现的与外界相邻接的界面都称之为表面。

产品形态是由点、线、面构成的，面在整个形态中占据的位置最大，最直接地诉诸于人的视觉，面的起伏和相互关系决定着造型的外观效果。面的表情由决定主要面的特征的直线或曲线的表情作用而产生，所以面的视觉表现力与线的视觉表现力有一定的对应关系。

2. 平面与曲面

平面是最单纯的面，没有起伏和变化，具有明了、平直的个性，单一平面不能构成形体，变化主要体现在平面与其他面的转折处。平面给人的感觉是平静、整齐、光滑、单调、轻巧、纤薄、挺拔、空间感较弱等产品视觉形象（图2-13、图2-14）。

图2-13　kinzo air 桌

图2-14　Fineplacer Femto光电焊机

由于位置的变化，平面也体现出不同的特征。垂直面体现出紧张感、高洁的个性；水平面体现出平和、静止、安定感；斜面具有动感、不安定，效果强烈。此外，通过切割、镂空、翻折等方式处理的平面，形成了更为丰富多彩的产品形态。

曲面使人感觉到温和、柔软、圆润和动感，具有较强的亲近感（图2-15、图2-16）。曲面从形式上可分为几何曲面和自由曲面两种，几何曲面具有理智和情感，而自由曲面性格奔放，具有丰富的抒情效果。

曲面的形式特征由曲面的曲率变化来反映。曲率的变化很均匀，则曲面的视觉效果反映就很平缓；曲率的变化很强烈，则曲面的视觉反映为动感、跳跃等特征。

图2-15　TA-GX100熨斗

图2-16　口袋床

3. 面与面的过渡

平面与其他面相交，更多的是体现交线的个性特征。有规律、有秩序的交线会给人以明了、简洁、安定、牢固的印象；反之，会给人以明快、活泼、多变的感觉。

如果曲面与曲面过渡很平缓、舒展，则曲面形态给人以圆润、平静和含蓄的感觉；如果曲面与曲面的过渡很强烈，变化很快，则曲面形态会给人以力感、动感和直白的感觉（图2-17、图2-18）。

图2-17　Stelton 豆形1L真空壶

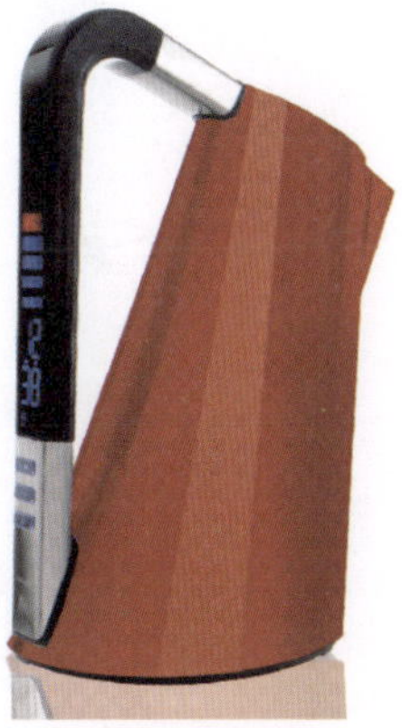

图2-18　Bugatti电热水壶

2.1.4　体

1. 体的概念

体在几何学上被解释为“面移动的轨迹”，具有长、宽、高三维空间的概念。体占有实质的空间，从任何角度都可以通过视觉和触觉感知到它的客观存在，较之点、线、面等构成要素有更丰富的表现力。

2. 体的构成形态

以构成形态区分，体可分为半立体、点体、线体、面体和块体。

半立体，是以平面为基础，而将其部分空间立体化，主要特征表现在凹凸层次和光影效果方面，使单调的平面产生不同的变化（图2-19、图2-20）。

图2-19　Eva Solo硅胶锅架

图2-20　Faqir 硅胶垫

点体，是以点的形态在空间所产生的视觉凝聚的形体，占据少量的空间，形成玲珑、活泼的独特效果（图2-21、图2-22）。

图2-21　球形钟

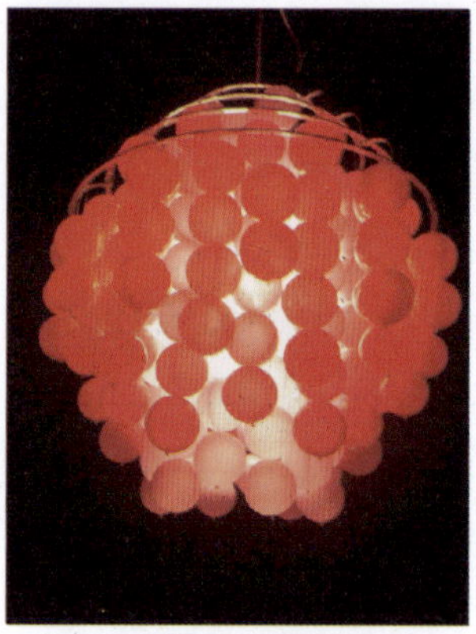
图2-22　LED 灯具

线体，是以线的排列、交织在空间所构成的形体，占据的虚空间非常显著，通常形成具有穿透性的深度感。线体给人的基本视觉特征是具有轻量感、挺拔感、柔软感，构成空间后，有灵空感、紧张感及视觉导向感，体量感较弱（图2-23、图2-24）。

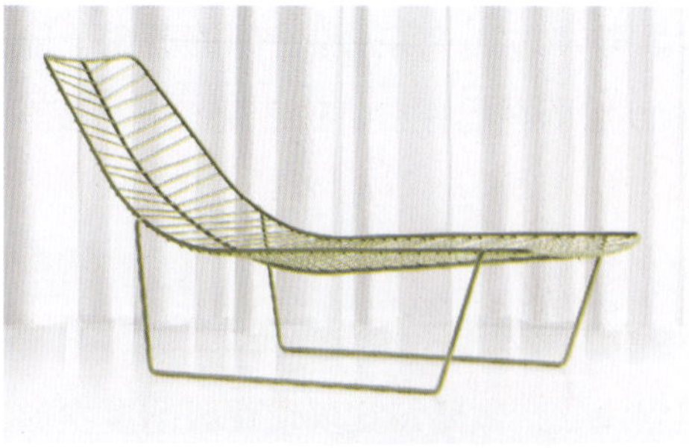
图2-23　Arper叶椅

图2-24　Eva Solo葡萄酒酒架

面体，是以面的形态在空间所形成的形体，有分离空间或虚或实或开或关的局限效果。当视线移动时，面体会产生忽实忽虚、时轻时重的多样变化。面体一般具有轻薄感、平整感，表面有充实感、紧张感，侧面有空间感（图2-25、图2-26）。

图2-25　Eva Solo苹果去核器

图2-26　Haval Vario 杯托

块体，是以长、宽、高三维的形态在空间构成的完整封闭的立体，有显著的空间区域和较强的量感，给人以厚实和浑厚的感觉（图2-27、图2-28）。

图2-27　McDonut MS-208 音箱

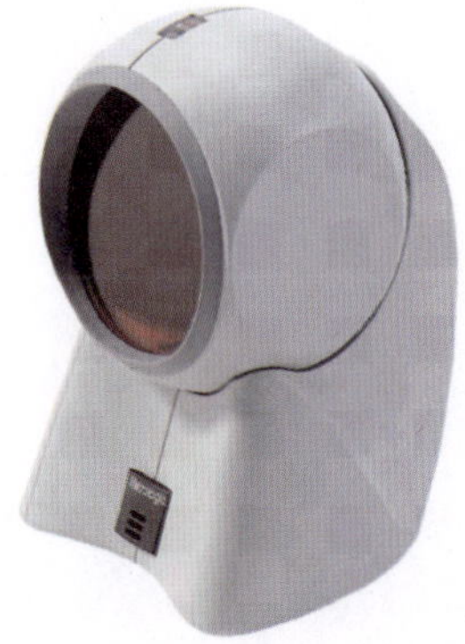

图2-28　MS7120 条形码扫描器

3. 体的特征

体的特征在于量感和空间感的表现。

量感包含两方面的含义：一是指形体的体积和分量，是物理形态的量，是实际的，客观存在的；二是指心理的量，是形体在视觉上给人的心理感受，体现了人们对形体的本质感觉，是相对的。对外部的抗拉力、自身的生长感、空间的扩张性都直接影响形体的量感。人们的感觉几乎都是经过绝对量感或相对量感的比较经验，从绝对的量进一步向心理的量发展。

体量大使人感到形体突出，产生力量和重量感；体量小则使人感到小巧玲珑，有亲近感。形体呈实体时，使人有稳固牢实之感；形体呈虚体时，则显得轻巧、活泼（图2-29、图2-30）。

空间感的形成是实体对空间的限定与扩张产生的。实体所限定的空间是物理空间，又称实空间；而由形态的扩张感或构件之间的联系形成的空间称为心理空间或虚空间。空间感的本

图2-29　Multigrind CB磨床

图2-30　PH 50 / 20 自动搬运机

质是实体向周围的扩张，这种张力来自于实体的内力运动变化冲出表面而激发的，形成蓄动之势，创造一种场。实空间是虚空间存在的前提，而正是由于虚空间的存在，人们才可以在形体的认知和表达中强化并突出它，形成优异的造型效果。实空间给人以重量、稳固、封闭、闭合性强的感受；虚空间使人感到通透、轻快，空灵而有透明感（图2-31、图2-32）。

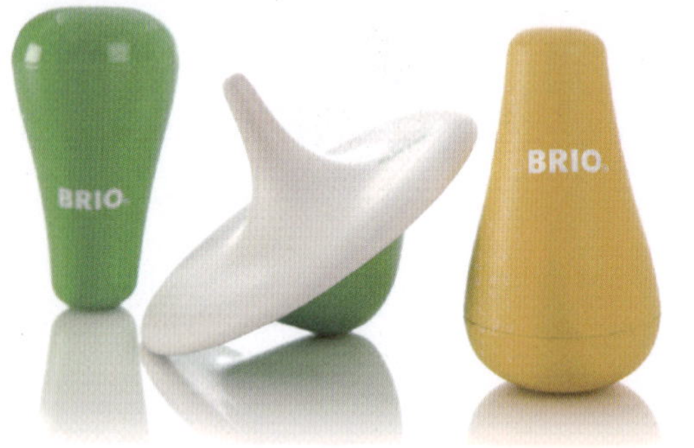

图2-31　旋转和摆动的BRIO玩具

图2-32　太极球

2.2 色彩

2.2.1 色彩的概念

色彩是物体受光照射后通过人的视网膜在人脑中反映的结果，是一切造型艺术中不可或缺的基本构成要素。在某些情况下，色彩的重要性要大于形状和质感。因为，色彩更趋向于感性化，它的象征作用对于人们的情感影响远大于形状和质感，通过色彩的不同组合可以产生完全不同的视觉效果，以色彩进行装饰，可以产生富有特征的视觉效果。

色彩与形状不可分离，相互依存。由于人的联想作用，把色和形的暗示所引起的情感介入到形与色的知觉表象中，与人们平时的文化感觉等视觉经验相呼应。红色与正方形相对应，感觉稳重、硬朗、大方；黄色是最明亮的色彩，会有“刺”的尖锐感，类似于形态中的三角形；蓝色的联想是天空和海洋，有着无限、漂浮的心理感受，好比形态中圆润的弧线。间色对应的形状是由原色对应的形状折中得到的，具有两种原色混合的形状特征。

恰当的色彩与形态结合，能够满足人们的审美要求。色彩具有其他语言和文字无法替代的作用，能够超越不同语言、不同年龄和不同文化程度所造成的障碍而表达各种信息；以特有的威力激发人们的情感反应。不同的色彩或色彩组合，传达不同的理念、情绪、感觉和价值观，或清新雅致，或高贵凝重，或欢快活泼，或忧郁伤感（图2-33、图2-34）。

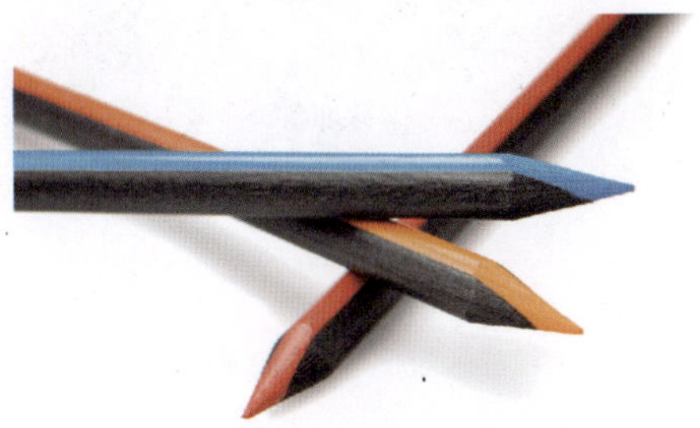

图2-33 彩带彩色铅笔

图2-34 Eton FR1000 收音机

2.2.2 色彩的对比与调和

色彩的对比就是两个以上的色彩之间比较或显示出明确差别的现象。色彩的对比分为色相对比、明度对比、纯度对比、色性对比、面积对比等。若以对比色为主调，则可获得明快、活跃和富有生气的效果。

当多种色彩搭配在一起给人以愉快、协调、和谐的感觉时，这种配色就称为色彩调和。色彩调和包括同一调和、类似调和、秩序调和等。若以调和为主调，则形态显得静雅、祥和柔美。

色彩的对比与调和相辅相成，只求统一而没有变化的配色，会产生刻板、单调、乏力无味之感；只求变化而无统一，会使色彩混乱无序，显得浮躁、喧哗、肤浅（图2-35、图2-36）。

图2-35 Gira护士呼叫系统

图2-36 Gira家庭站视频系统

2.2.3　色彩的效应

由于人的生理和心理的原因，色彩会赋予人们不同的感觉，以表现各种不同的色彩感情，主要包括色彩的生理效应和心理效应（图2-37、图2-38）。

图2-37　XO笔记本电脑

图2-38　Sonic 农场玩具

色彩的生理效应即色彩的功能性感受，主要表现在色彩的冷暖感、轻重感、软硬感、大小感、远近感和疲劳感等方面。同样款型的汽车，白色的比黑色的看上去体积更大，富有动感。将庞大体积的机床通过色彩的装饰，使其可以看上去较轻盈。

色彩的心理效应即色彩的情绪性感受，主要反映在兴奋与消沉、活泼与忧郁、华丽与朴素等方面。

人们长期生活在多彩的世界中，根据自己的生活经验对不同色彩就产生了一定的联想，由于联想的社会化、大众化，并形成了习惯，因此在感情上不同的色彩就产生了心理上的个性特征。各民族和各国都有其独特的色彩传统爱好。

2.2.4　色彩的指示性

色彩与形状一样具有类语言的功能，通过色彩符号的语义性、暗示功能，利用人们约定俗成的传统习惯，对形态进行功能暗示（图2-39、图2-40）。

图2-39　CROWN 行走式堆垛机控制手柄

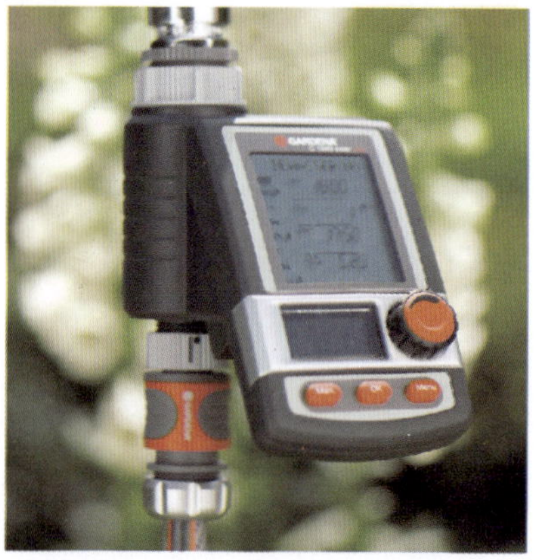

图2-40　Gardena 灌溉控制计算机

通过色彩对比进行功能分区，强调不同的功能、性能以及结构特点，以色彩制约和诱导行为。录音机上的录音功能键和播放键通常被安排在一起，通过将录音功能键变成红色的设计，大大减少了错误操作发生的可能；电器开关控制按键通常被设计成红色等，与其他控制按键色彩差异很大，即使是初次使用，也可以正确操作。

2.2.5 色彩的象征性

色彩是以非语言的形式，将本来为非可视性的感情、形象，用人的肉眼能够看见的视觉形象加以表现，由于人们认知共性的存在，使得色彩具有一定的象征性。

色彩可以表示产品的属性，与产品的形象相适应（图2-41、图2-42）。

图2-41 Rosenbauer 机场消防车

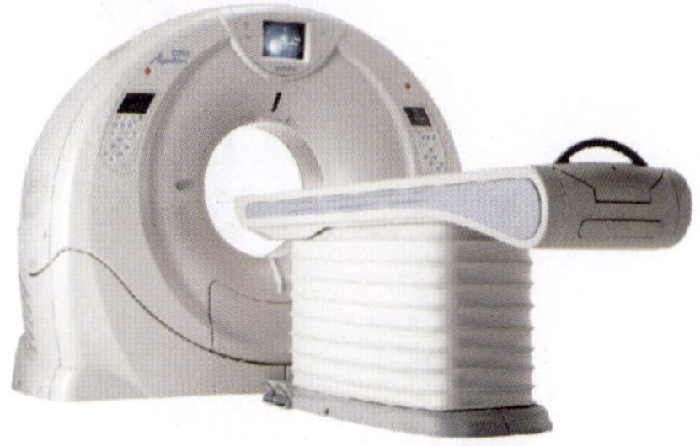

图2-42 Aquilion X射线断层扫描系统

色彩可以体现企业的品质，加强企业的形象认知（图2-43）。

图2-43 Black & Decker 电动工具

色彩可以强化产品组合的视觉特性，使其具有家族性（图2-44）。以色彩区分模块，突出产品的组合性；同一形状，不同的色彩表现，形成产品的纵向特征；用同一色系，统一不同种类、不同型号的产品，形成产品的横向系列。

图2-44　DeWalt DC5PAKL系列产品

2.3　质感

2.3.1　质感的概念

材料是产品存在的物质基础，在产品形态的表现中，每一种材料都有其特有的材质与情感，这一要素称为质感。质感是对不同物象用不同技巧所表现、把握的真实感，是物体表面材料产生的一种特殊品质，是物体表面的组织构造，是视觉或触觉对不同物态如固态、液态、气态的特质的感觉。

不同的质感给人以软硬、虚实、滑涩、韧脆、透明与浑浊等多种感觉，一般可以归纳为粗犷与精细、温暖与寒冷、华丽与朴素、沉重与轻巧、浑厚与单薄、坚硬与柔软、迟钝与锋利、含蓄与率直等基本感觉形态（图2-45、图2-46）。

图2-45　Y形瓶装饮料

图2-46　ID2 Goggle Adidas 眼镜

2.3.2　质地与肌理

质地是材料的自然属性所示的表面效果，是以视觉、触觉直接感受的表面组织构造，质地的美是原始的、朴素的、深邃的、清纯的。

肌理是指物体表面的组织纹理结构，即各种纵横交错、高低不平、粗糙平滑的纹理变化，是表达人对设计物表面纹理特征的感受。肌理是人类操作行为所产生的物体表面效果，是在视触觉中加入某些想象的心理感受。肌理的创造更强调造型性，肌理的美是动态的、艺匠的、智慧的。

一般来说，肌理与质感含义相近。对设计的形式因素来说，当肌理与质感相联系时，它一方面是作为材料的表现形式而被人们所感受，另一方面则体现在通过先进的工艺手法，创造新的肌理形态。不同的材质、不同的工艺手法可以产生各种不同的肌理效果，并能创造出丰富的外在造型形式。

不同材料的质地或肌理，可以给人以不同的情绪感受。粗糙无光时，显得稳重、含蓄、温和；细腻光滑时，显得轻快、活泼、洁净；质地柔软时，显得友善、可爱、诱人；质地坚硬时，显得厚重、排斥、醒目（图2-47、图2-48）。

图2-47　魟椅

图2-48　Otto Bock 义肢接口

2.3.3　视觉质感与触觉质感

质感可分为视觉质感和触觉质感。不需触觉，而只靠视觉就能充分观察的质感，称为视觉质感；实际接触的质感称为触觉质感。

视觉质感受尺度大小、视距远近、光线强弱等多种因素的影响，可使人们对质地的感受和它所覆盖的表面感觉有所不同，一般需要配合光、色、形等视觉要素分析，才能获得最佳效果。而触觉质感是真实的，可感觉出材质的粗细、疏密、软硬、轻重、凹凸、糙滑、冷暖等（图2-49、图2-50）。

通常，触觉质感均能给人以视觉质感，但视觉质感无法通过触摸去感受，而由视觉感受引起触觉经验的联想来产生触觉质感。因此，质感是人们触觉和视觉紧密交织在一起而感受到的。

图2-49 智能门锁

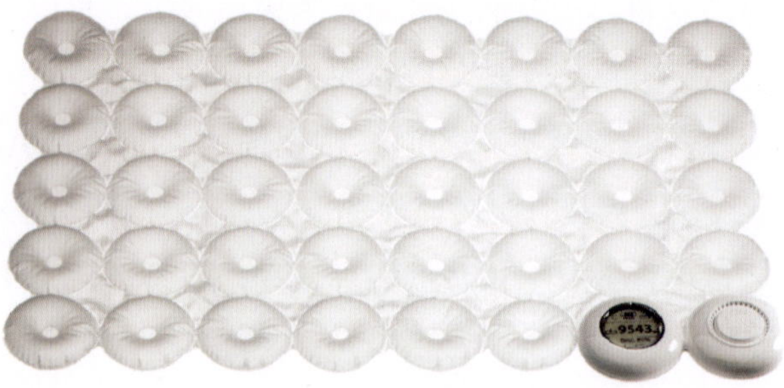

图2-50 气泡婴儿秤

2.3.4 肌理与形态

肌理不是单独存在的，它从属于形态，肌理的配置应当强化形体的意向特征。

肌理可以增强形态的立体感。将不同的肌理应用于形体的不同表面，容易形成空间层次感，即使是在漫反射光时，仍然能够形成较强的立体感。

肌理可以丰富形态的表情，不同肌理的使用能够大大丰富形体表面的含义。因此，要将肌理配置在视觉容易触及的部位来增加物体的情感色彩（图2-51、图2-52）。

图2-51 Blobina 坐具

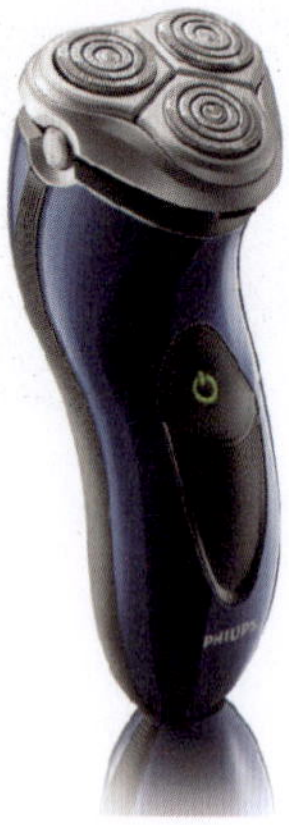

图2-52 HQ8290 剃须刀

肌理可以传达形态的功能。人们往往赋予肌理语言的能力，通过材料表面纹理方向的加工来提示使用者的操作机能。肌理的功能还在于增强材料的实际强度与硬度。

2.4 图形用户界面

2.4.1 界面的概念

随着信息时代的来临、数字化产品的大量涌现，产品的操控越来越表现为一种人机信息交互，人机信息交互设计主要体现在人机界面的设计（图2-53、图2-54）。

图2-53　NAVIGON 8110 GPS 导航仪

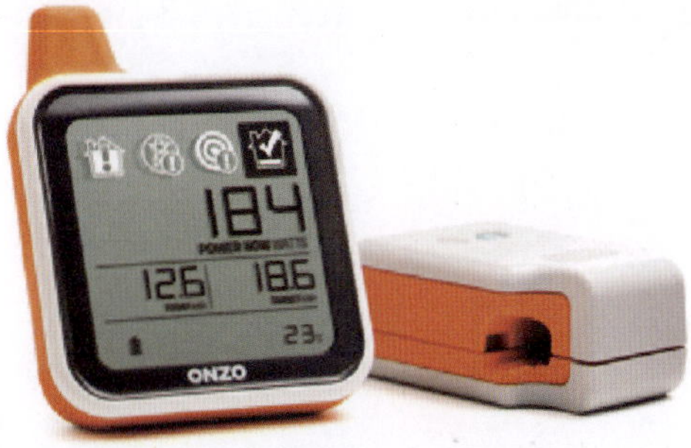

图2-54　Onzo智能能量监控系统

界面是人和产品之间信息交流的媒介。工业产品主要是通过人的感官系统，利用多种通道与产品进行交互，可以分为硬件界面和软件界面。硬件界面又称实体界面，主要与产品的形状、色彩和质感相关联；软件界面是一种数字虚拟技术的产物，其在产品中的视觉表现形式为图形用户界面，由于其在产品形态感知中的重要作用，可看做是产品形态构成的一个重要方面。

2.4.2　图形用户界面的特征

图形用户界面或图形用户接口（Graphical User Interface，GUI）是指采用图形方式显示的产品操作用户接口。随着信息技术的发展，图形用户界面在产品设计中将占有越来越重要的地位。

图形用户界面的特征是窗口化、图标化、菜单化和按键化。其目的是优化产品的性能，使操作更人性化，减轻使用者的认知负担，使其更适合用户的操作需求，直接提升产品的市场竞争力（图2-55）。

图形用户界面与实体用户界面并不是孤立存在的，二者互为补充。图形用户界面可以反映用户操作的结果，也可以实现对实体用户界面的控制和反馈。例如苹果公司推出的iPod Touch和iPhone从表面上几乎看不到什么操作按钮，几乎所有的操作都是通过GUI来实现的（图2-56）。这自然影响了产品形态，甚至开创了新的形态纪元。

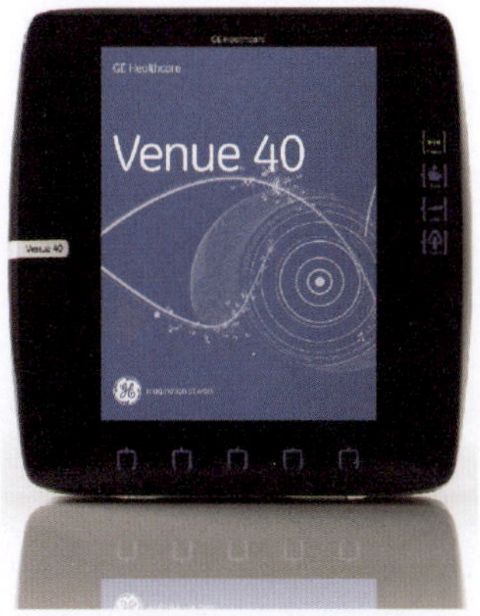

图2-55　Venue 40 紧凑型超声系统

图2-56　iPhone

第3章

影响产品形态设计的因素

产品是由特定的企业为满足某一细分市场的潜在用户而设计和制造的，产品形态必然受到用户生活形态、企业品牌、设计潮流、物理和社会环境等多种外部因素的影响和渗透。在进行产品形态设计时，应综合考虑产品的功能、材料、结构和技术，通过产品的形状、材质和色彩，建构独特的形式、格调和艺术情趣，反映出人们的习俗爱好、社会文化和时代特征。

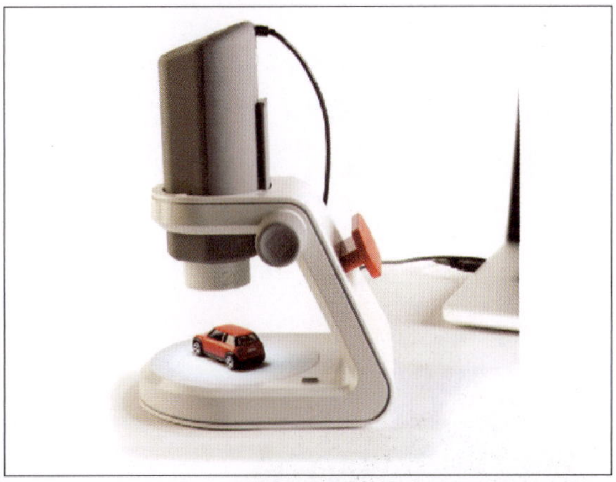

3.1 功能与产品形态

功能就是事物或方法所发挥的有利的作用和效能。产品只有具备某种特定的功能才具有使用价值和交换价值，功能是产品的第一要素和价值体现。产品形态是功能的载体，没有形态的支撑，产品的功能就无法得到具体的实现，形态与功能之间是相互影响、相互联系的，两者不可分割，互动构成。

产品形态的功能可分为实用功能、美学功能和象征性功能。

1. 实用功能

产品形态的实用功能是决定产品形态的主要因素，是对使用者直接产生生理作用的功能。产品形态不同于一般物体的形态，产品存在的目的是供人使用，产品形态的设计要依附于某种机能的发挥和符合人的实际操作要求（图3-1、图3-2）。

图3-1　Jordan Ultimate高品质刷子

产品形态在实用功能的实现上首先要满足产品的可用问题，所谓可用是指产品形态能够实现产品的功能。当产品的功能得到满足时，使用者往往会对使用过程中的不便予以关注，这就是产品的易用问题。可用关注能否被使用的问题，易用则关注产品能够被更容易和更有效使用的能力，一般与人机工程学和产品语义学密切相关。

通过产品的构造形态，特别是特征部分、操作部分、表示部分的设计，表达出产品的物理性、生理性功能价值，暗示人们对产品的使用方式（图3-3）。

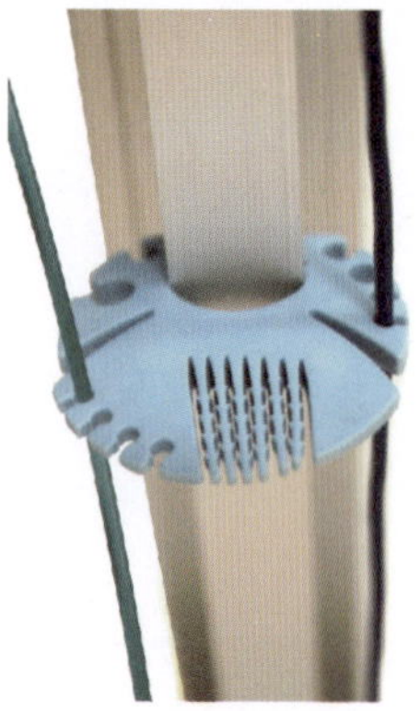

图3-2　Orio 用于整理电缆的小工具

图3-3　Wowpen 欢乐鼠标3

2. 美学功能

产品形态的美学功能是产品与使用者之间，由人们各自审美经验而得到的感受功效。产品的功能会带来审美愉悦，这是由设计本身的特点决定的。与功能美的自然“流露”不同，形式美是一种“给出的美”，形式美有明确的审美目的。

由于产品使用者在社会、职业、文化、年龄、性别、爱好、志趣等各方面的不同，必然形成审美取向的差异，即使是同一使用功能的产品，也要求在形态上的多样化，利用产品的特有形态来表达产品的不同审美特征和价值取向，从而引起使用者的情感共鸣（图3-4、图3-5）。这种形态可以是自然形态的模仿，也可以是抽象形态的创造，无不体现在形式美：对比与谐调、节奏与韵律、对称与均衡、比例与尺度、统一与变化、力度与气韵、安定与态势等的规律中。

图3-4 Arwa-twinflex 2 水龙头

图3-5 故事水龙头

产品形态的美学功能为人们带来了情感上的满足和精神上的享受。形式优美的设计并非不注重功能等设计的内在要素；相反，优秀的产品形态总是把产品的实用功能巧妙地掩盖在形式之下，实现了实用功能与美学功能的有机结合（图3-6）。

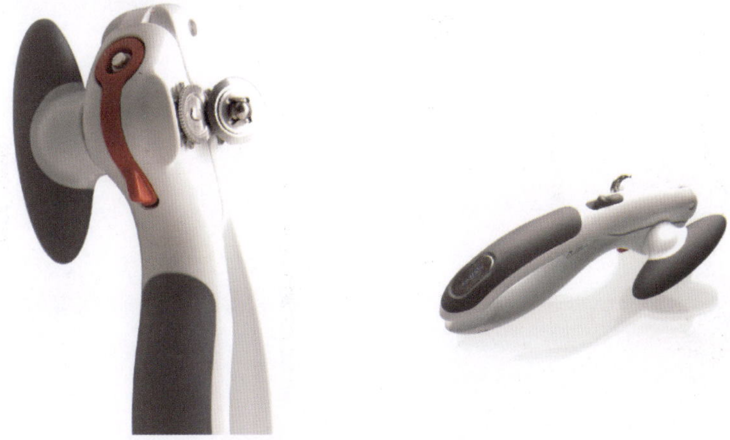

图3-6 Lock-n-Lift 开罐器

3. 象征性功能

产品形态的象征性功能是由产品激发人们联想以往的经验感受，体现了某种特殊的意义。产品形态包含的每一根线条、每种色彩都可以根据它们之间的任意组合关系在特定环境汇总，传达出一定的意义，产品形态是信息的载体。

Alessi的Anna产品系列以短发女性的笑脸为形态原型，取自于西方传统童话、寓言、传说和小说中的Anna人物，是这些人物性格特点的综合（图3-7）。

图3-7　Alessi 的Anna系列

产品形态是企业和设计师创造的。产品形态作为设计的物化表现，表明了企业对特定目标市场消费者生活方式的理解，是企业文化的积淀和品牌个性的彰显，是设计师对于产品功能、操作、情感、品牌、企业文化的认知和表述。

Swatch中国总裁陈素贞说："就像Swatch，你戴上它，会觉得自己是时尚的，追求创新的，很有趣的，科技的，追求生活享受的，甚至有些正向叛逆的。"（图3-8）。

图3-8　Swatch 手表

产品形态是一种符号，符号具有象征意义，表明了一定的社会属性，以此来区分和识别拥有者人群。产品象征性功能的实质是使用者自身社会属性在产品形态中的体现，人们往往利用产品的象征性功能来满足一种“自我实现”的心理需求。

使用者在利用产品满足自己的物质生活需要的过程中，对于形态和风格的选择，无一不是在审美的形式下，自觉或不自觉地追求某种象征性意味，表现出某种价值观念和生活理念，借以塑造出一个富于个性的自我形象（图3-9～图3-12）。

图3-9 Desktop咖啡机

图3-10 KA 4752咖啡机

图3-11 Krups KP210040 咖啡机

图3-12 KA 4770咖啡机

3.2 技术与产品形态

进入20世纪90年代以后，科学技术的发展突飞猛进，工业技术和科学研究同步增长，科学研究成果为新型的设计提供了重要的理论基础，成为推动产品改良和更新换代的原动力。对产品设计及其外在形态的发展产生了广泛的影响，极大地促进了产品形态的创新和革命。

1. 技术的进步导致产品形态特征的改变

以信息技术为代表的计算机及相关信息技术的发展，使产品形态设计的表现空间发生了变化，改变了产品形态设计的技术手段、程序和方法，使产品形态呈现出多功能化、复合化、短小轻薄化、智能化、知识化、精神化的趋向；同时，技术的创新还促进了功能的改进以及产品结构、工艺、材料等的变化，从而使产品形态发生根本的改变，为产品形态的发展带来崭新的意义（图3-13）。

2. 技术原理的革命导致形态的创新

新科技的彼此融合与发展，导致产品技术原理的更新换代，改变了产品的形态面貌，滋生出新的形态特征。

从第一台Walkman诞生起，随着便携式音频播放技术由磁带播放技术、光盘技术、迷你光盘技术向MP3技术和MPEG-4技术的发展，跨越了磁带机、CD机、MD机、MP3、MP4机型，导致了产品功能和形态的革命（图3-14）。

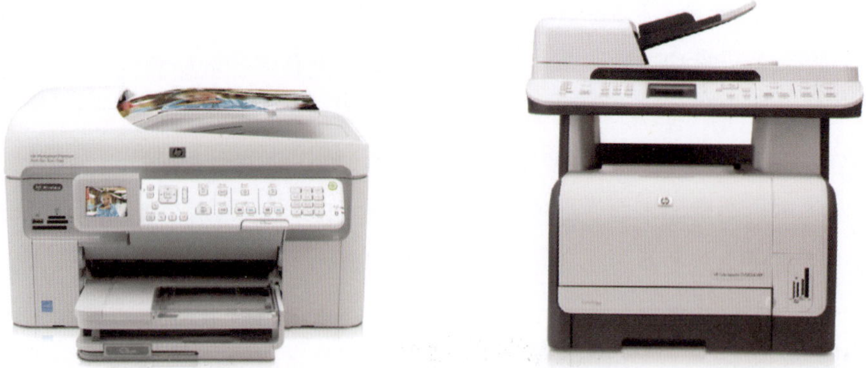

图3-13　HP Photosmart C7288与HP Color LaserJet CM1312 打印/传真/扫描/复印一体机

图3-14　SONY 产品

3. 技术的同质性导致形态的丰富

随着经济的发展、市场的成熟，技术同质化的现象越来越普遍，为满足人们多样化、个性化的需求，多品种、小批量的柔性化生产模式得到了广泛的应用，为产品形态表现的多样化奠定了物质基础，传统的功能主义受到了挑战，抽象的、客观的、几何的理性表现与具象的、比喻的、隐喻的、主观的感性表现共存，联想自然、引用过去、象征意义得到了大量的应用（图3-15）。

a）　b）　c）　d）　e）　f）　g）　h）　i）

图3-15　台式计算机主机

a）苹果 G5　b）戴尔Studio Hybrid　c）华硕 CG 5290　d）戴尔Precision T3400　e）HT C01 Marine　f）惠普火鸟　g）Medion MD88331　h）LG X820　i）Founder Cherio E 系列

3.3　材料与产品形态

材料是人们用以作为物品的物质，是产品功能和技术的物质载体，是实现产品形态的物质基础。材料是伴随着人类社会的发展而发展的，人们对材料的应用也是由低级走向高级。在设计语言的演变与发展上，材料对设计观念的变革起着至关重要的作用，不仅因为材料使设计得以存在和彰显，还因为材料使设计语言得以物质呈现，对材料的合理应用是形态创造的基础。

材料具有一定的物理性能、化学性能、力学性能和加工性能等特点，材料应符合使用要求、加工要求和经济性要求。因此，材料的选择与运用是产品形态设计的关键性因素之一。

3.3.1 材料的自然属性

1. 材料的物理性能

材料的物理性能是指材料在重力、声、光、电和热等物理条件下所表现出来的特性，不同的材料具有不同的物理特性。材料的物理属性主要有强度、硬度、柔韧度、可塑性、刚度、抗压强度、表面摩擦力、密度、透光率、吸水率、伸长率、膨胀系数、耐磨性、电导率、熔点、比热、应力等。

材料的物理特性是满足产品使用功能要求的内在物理条件。与人体贴身接触穿戴的产品，要求产品具有良好的透气性和柔软度，与地面相接触的部分要求具有足够的强度、硬度和耐磨性（图3-16）。

图3-16　为残疾儿童设计的爬行辅助工具（Krabat 公司生产）

2. 材料的化学性能

材料的化学稳定性是指材料抵抗酸、碱、盐和有机溶剂腐蚀的能力。其主要考虑产品在使用时的状态和要求。例如炊事活动，尤其是蒸、煮、炒等，不仅要求使用的产品耐高温、耐压，而且要具有良好的热传导性能，还要注意在烹饪过程中各种调料化学作用的影响，很多炊事器具都采用良好传热性、耐高温、耐腐蚀的材料制成（图3-17）。在海水中使用的防水摄像机要考虑到海水和盐雾的侵蚀（图3-18）。

图3-17　保温餐具

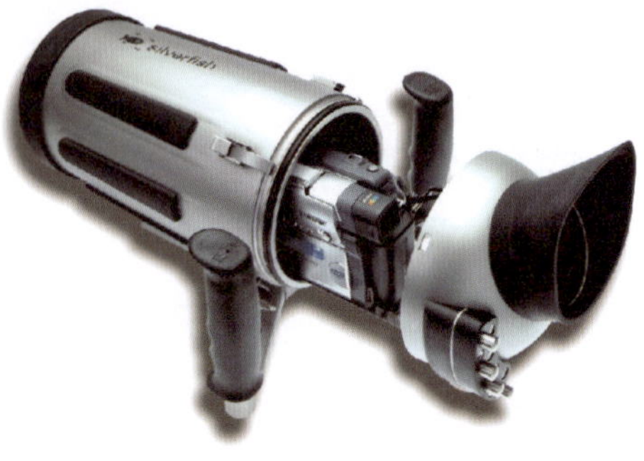

图3-18　Silverfish防水摄像机

3. 材料的工艺性能

材料的工艺性能是指材料在加工过程中所表现出的特性。在形体塑造过程中，包括材料的成型工艺和表面加工工艺两道工序。

通常一种产品形态的实现，需要按工艺性要求进行有序组合的多种成型工艺来完成。而每一种成型工艺适合一定范围的材料、结构和形体的加工，即只有符合相应成型工艺要求的形体才能完整、正确地制造出来。如铸造工艺，可产生直、圆结合的形状，具有圆润感；焊接工艺可实现棱角分明的形状；板材成型则以棱为主，有挺拔之感；而注射工艺则可形成复杂多变的有机曲面。即使是相同的材质，采用了不同的工艺手法会产生不同肌理，具有不同的美感效果。例如用磨削方法获得的产品造型表面精细整洁，光泽感强；用车削方法获得的表面，纹理连续，有旋转感（图3-19～图3-22）。

图3-19 阿莱西II型电话

图3-20 "咚咚锵"板凳和躺椅两用椅

图3-21 Rabo Trike 1 童车

图3-22 PW6163 洗衣机

表面加工工艺通过表面预处理、表面涂覆、表面改性或多种表面技术复合处理，改变固体金属或非金属表面的形态、化学特性和组织结构，以改变和提高形体表面质量。电镀工艺，不但能改变材料的表面性能，而且还能赋予产品以所镀金属的光泽和质地；而镀黑镍工艺则色质柔和、不反光，表现出金属良好的质感；喷砂工艺可使产品获得具有一定粗糙度的表面、花纹及图案，给人以柔和、含蓄的美（图3-23）。

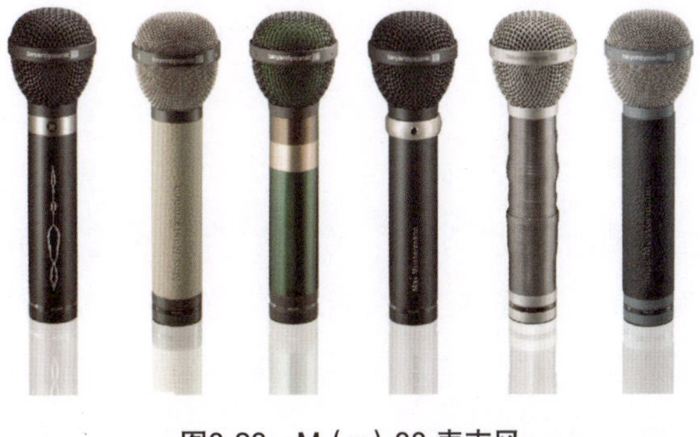

图3-23 M（y）88 麦克风

3.3.2 材料的感觉特性

材料不仅是物质的基础，它还具有自身的特性，即造型材料的感觉物性。这是一种通过人的感觉器官对材料做出的综合印象，它包括人的感觉系统因生理刺激对材料做出的反映，或由人的知觉系统从材料表面得出的信息。但是，材料的感觉性能特征只是相对而言，不是绝对的。即使是同一种材料，也会因它的形状、大小、体量、肌理、色彩等的不同，而呈现出不同的感觉效果。

1. 材料的视觉特性

材料对视觉器官的刺激因其表面特性不同而产生视觉感受的差异，材料表面的色彩、光泽、肌理等会产生不同的视觉质感，从而形成材料的精细感、粗犷感、均匀感、工整感、光洁感、透明感、素雅感、华丽感和自然感（图3-24～图3-27）。

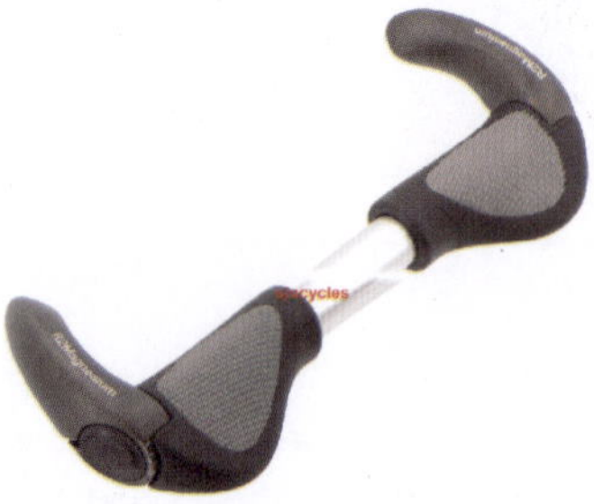

图3-24　Ergon GR2 自行车把手

图3-25　ZPA Verde 面包箱

图3-26　Eva Solo 筛桶

图3-27　Cybex X 形儿童安全座椅

材料的视觉特性与光线密不可分，光不仅使材料呈现出各种颜色，还会使材料产生视觉上的凹凸变化和不同的光亮感。抛光大理石面、塑料光洁面、釉面砖等高反光材料，它们的表面光滑、不透明、受光后明暗对比强烈，给人以生动、活泼的感觉；毛石、原木、水泥、毛皮等漫反射材料通常不透明，表面粗糙为无光或亚光，以反映自身材料特性为主，给人以质朴、柔和、平稳的感觉。

材料是色彩的载体，色彩不可能游离材料而存在，色彩有衬托材料质感的作用。在设计中，运用色彩规律将材料色彩进行组合和协调，则会产生亮度对比和色度对比、面积效应和冷暖效应等现象，突出材料的色彩表现力。

2. 材料的触觉特性

人们通常用触觉来判别材料的质感，触觉质感是人们通过触摸材料而感知材料的表面特性和体验材料的主要感受。

材料的触觉质感与材料表面组织构造的表现方式密切相关，材料表面的质地和肌理是产生不同触觉质感的主要因素（图3-28、图3-29）。质地粗糙的材料给人以朴实、自然、亲切、温暖的感觉；质地细腻的材料给人以高贵、冷酷、华丽、活泼的感觉；同类表面状态的材料，由于材质的不同存在软硬、轻重等感觉差异。

图3-28 PEGA D&E 笔记本与鼠标

图3-29 微软弧形鼠标

3.3.3 材料与社会

在漫长的人类设计史中，工业设计为人类创造了现代生活方式和生活环境的同时，也加速了资源、能源的消耗，并对地球的生态平衡造成了极大的破坏。人们称“广告设计”和“工业设计”是鼓吹人们消费的罪魁祸首，招致了许多的批评和责难。正是在这种背景下，设计师们不得不重新思考工业设计师的职责和作用。在产品原材料的选择上就体现了一种对环境的态度，表现了一种社会责任感。为促进人类社会的健康持续发展，绿色材料是产品设计的必然选择。绿色材料是指在原料采取、产品制造使用、再循环利用以及废物处理等环节中与生态环境和谐共存，并有利于人类健康的材料（图3-30、图3-31）。

3.3.4 材料与形态创新

纵观利用新材料来创造产品的历史，每一种新材料的发现和发明，都具有一定的性能优异性，解放了原有材料在造型方面的限制，意味着一种新的设计语言的被创造和应用，为产品形态的新颖多样提供了物质基础，极大刺激和推动了产品设计的发展。材料引起的形态创新主

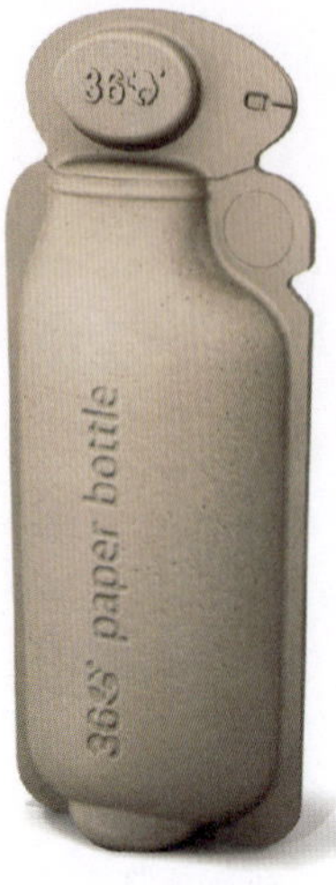

图3-30　360°纸质水瓶

图3-31　ZipShape椅

要通过对产品传统材料的新应用，改变产品的用材习惯，新型材料及时地应用于传统产品，使产品呈现出新的质感和形象（图3-32～图3-34）。

图3-32　液体书签

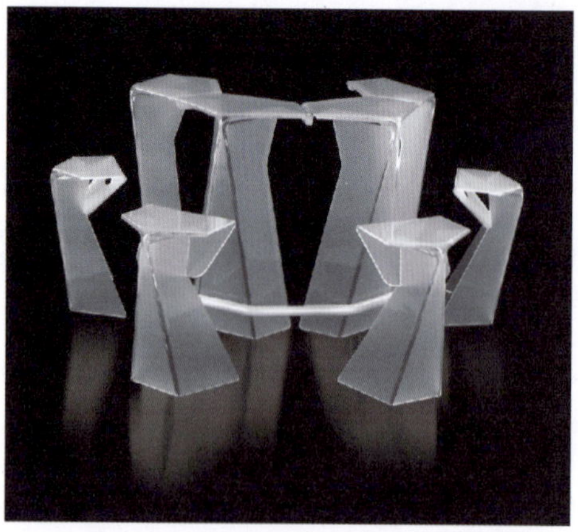

图3-33　运用折叠工艺的丙烯酸玻璃

图3-34　桌上壁炉

3.4 结构与产品形态

结构是构成事物各部分的要素按照一定的要求所形成的排列组合关系。结构普遍存在于大自然物体之中，这些结构自然天成，在它们中间不但包含着科学合理的力学原理，同时，还显示出非常丰富的美学内涵，其内部的构造与物体的外部形态构成了十分和谐的统一体。科学技术的飞速发展和新材料的不断涌现，使一些产品的结构形式趋向科学性、合理性；反之，对一些更加科学、合理形态的新结构的运用又促进了产品形态的新变化。

3.4.1 结构与产品形态的关系

结构与形态两者互相依存，不可分割。结构与形态实质上是“手段与目的的完整的协调”。形态必然以某种结构形式存在，不同类型的形态，它们的结构具有不同的受力特点和构造特点，大至结构体系的构成，小至构件的尺寸大小。而结构则必然以一定的形式表达，无论是自然形态还是人工形态，结构都是其基本因素。很多立体形态的形式均是由所需的结构部件组成，这些构件在形态中相互支撑，互相扶持，单独或协同地承受各种载荷作用，构成一个整体造型形态。结构是产品形态的骨架，是形态赖以存在的物质基础，它的质量的好坏对于产品形态的坚固和寿命具有决定性的作用（图3-35）。

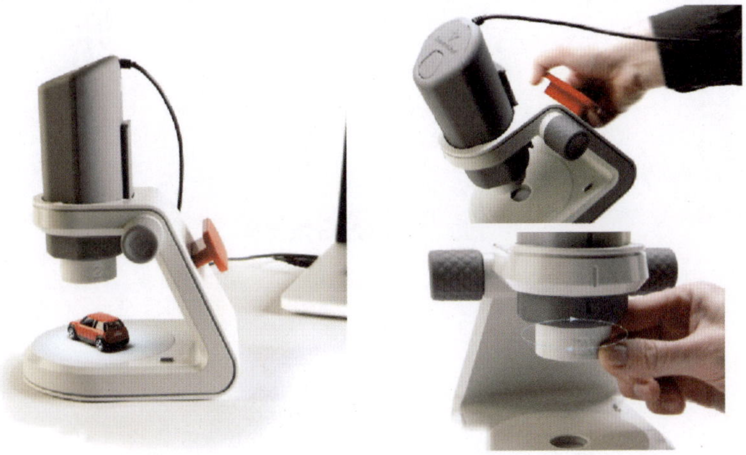

图3-35 Kena 儿童显微镜

3.4.2 形态物理性能与结构

结构是用来支撑物体或承受物体重量的一种构成形式，产品形态的存在必须依赖于物体自身的结构。一个合理的结构必然是充分利用材料的特性，在一定条件下使形态具有一定的强度、刚度与稳定性。

1. 强度

强度是指在外力作用下抵抗永久变形和断裂的能力。任何一个形态或产品的设计，都要求其结构具有一定的强度。只有具有一定的强度，才能承受形态本身或外力的重量，使其具有很好的稳定性。结构的强度受到材质、构件连接方式、结构形式等诸多因素的影响（图3-36、图3-37）。

图3-36　Bahco 317 锯

图3-37　Copenhagen 椅

2. 刚度

刚度是指在载荷作用下抵抗弹性变形的能力。一方面，产品要具有一定的刚度，才能实现正常的使用功能（图3-38）；另一方面，在有些情形下，要有效地利用结构的弹性变形，达到特定的使用功能（图3-39）。

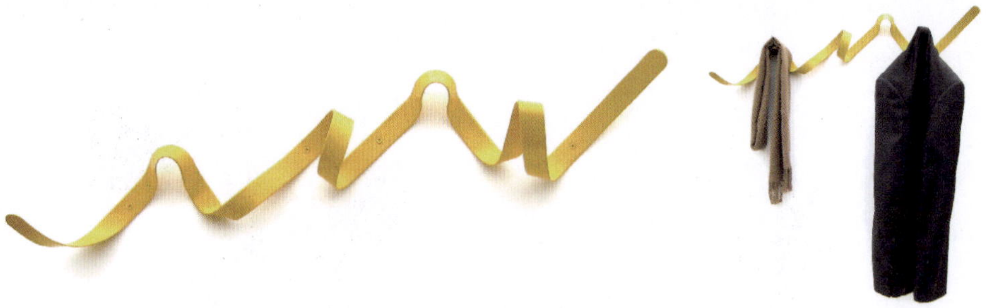

图3-38　Ribbon 衣帽架

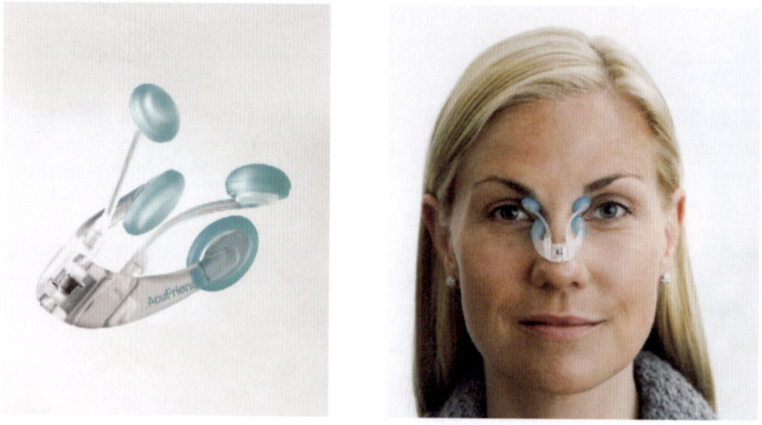

图3-39　缓解头痛和眼睛疲劳的指压夹具

3. 稳定性

稳定性是指在载荷作用下，保持静态平衡和动态平衡的能力。同样的结构会由于受力方向不同，而表现出不同的强度以及稳定性。生活中有这样的体会，如果垂直方向坐在椅子中心位置，椅子受力是直向下的，具有很好的稳定性；而如果坐的位置在边缘，用力的方向倾斜，那么椅子就很可能会滑动而失去其稳定性。由此可见，压力的方向可以增强或减弱结构的强度和稳定性。很多产品的设计，就是利用了这一原理来设计其结构，以获得良好的结构强度（图3-40、图3-41）。

图3-40 Babybjorn 盘和汤勺

图3-41 碗

3.4.3 形态视觉特征与结构

在产品形态所表现出的美感要素中，产品结构形式的新颖性与独特性对产品形态的创造起着非常重要的作用。在现实生活中，常常会发现一个具有新颖结构的产品往往能以崭新的面貌出现在消费者面前，给人以强大的视觉冲击力，激起人们购买或使用的欲望。

1. 结构直接表现为产品形态

产品结构决定功能的实现，结构既是功能的承担者，又是形式的承担者。在许多情况下，产品的形态和结构是融为一体的（图3-42）。

图3-42 “飞溅”奶瓶晾置架

2. 结构不同导致形态的视觉特征不同

相同的功能可以采用不同的结构形式来实现，不同的结构形式又会直接影响产品的外观形式。结构是形态的基础，形态是结构的不同表现形式，工作原理的认知进步也会改变产品的形态。因此，不同的结构布局会影响产品外观的形式表现（图3-43、图3-44）。

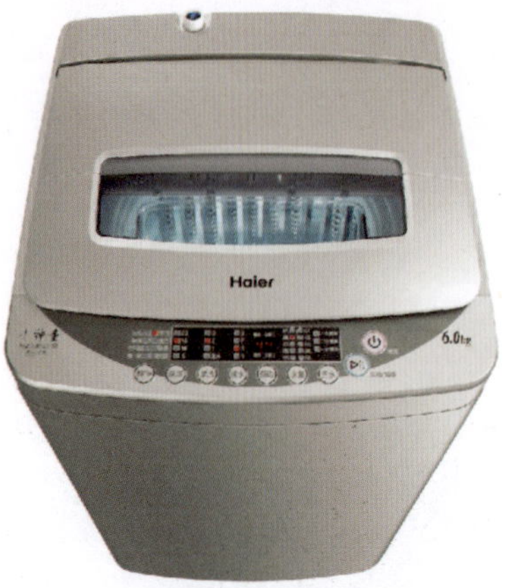

图3-43　海尔 XQB60-L918 波轮洗衣机

图3-44　松下NA-V130RDH 滚筒洗衣机

3.4.4　结构创新与形态

在产品的形态设计中，结构的创新是至关重要的，因为在现实生活中，绝大部分形态结构要依靠材料之间的连接来完成，材料的连接方式直接影响到产品的外形，尽管材料的连接方式可归纳为“滑接”、“榫接”和“刚接”这三种基本类型，但在产品形态创新中却要灵活运用，主要利用新材料、新工艺及产品新功能的要求，创造出一种全新的结构方式。通过对产品结构的创新，不仅能改善产品的使用功能，提高工作效率，同时也创造了一种新颖美观的视觉效果（图3-45、图3-46）。

图3-45　企鹅-贝壳椅

图3-46　HAG 侧身会议椅

3.5　环境与产品形态

任何产品均存在于一定的时间和空间之中，不可避免地与周围的环境进行交互。产品环境是指产品在生产、销售、使用和处置过程中有可能影响和辐射到的周围环境，它融合了时间、空间、自然、社会、科学、技术和各种相关因素的综合体系。

环境是提供信息的来源，人们通过对各种环境的感受来接受外部的各种信息，另外，人和物同处于一个环境，因而设计出的产品必须向人们传达出一系列的信息，即通过产品物的形状、色彩、结构、材料等造型要素来显示产品所放置的环境及可能引起的各种关系。

产品环境可分为物理性环境和社会性环境，物理性环境是指产品周围的设施、空间、气候等自然和人工物质系统；社会性环境是指研究对象周围互相作用的人的集合，它包含了各种社会关系和社会因素。

3.5.1 物理性环境与产品形态

各种产品在贮存、运输和使用过程中遇到的环境越来越复杂，从热带到寒带，从平原到高原，从海洋到太空等，这就使得用户和生产者双方都关心产品在上述环境中的性能、可靠性和安全性，以保证产品能正常地工作。

1. 气候环境

气候环境主要指环境中的温度、湿度、压力、日光辐射、沙尘、雪等。户外家具由于所处的特殊环境，更易受到风吹、日晒、雨淋等气候的考验。木质户外家具，多为可折叠、可拆装的形态或选用油分含量较高的木材制作，可以最大程度地防止因干缩湿胀、腐朽等原因而造成的脆裂；金属材质的户外家具设计，通常运用了各种流畅的曲线以及流线的造型，给人一种灵巧优雅的视觉感受，主要选用铸铁、铝或经烤漆及防水处理的合金材料；竹藤制的户外家具轻松写意，形态自然，且抵抗外界气候的能力也较强（图3-47～图3-50）。

图3-47 Cado Corpus 木凳

图3-48 KRC 户外藤制家具

图3-49 Taku 椅

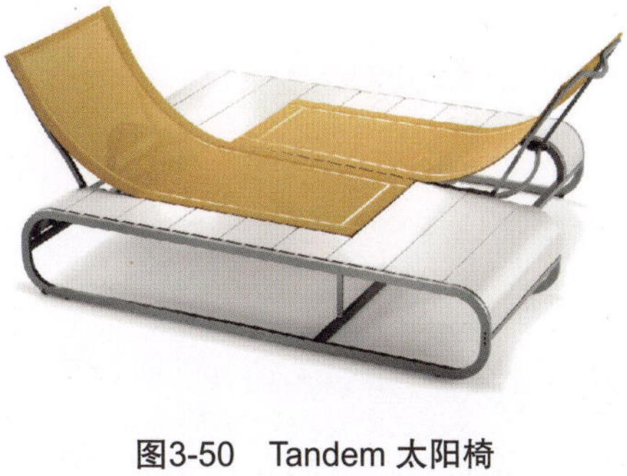

图3-50 Tandem 太阳椅

2. 机械环境

机械环境主要指环境中的振动（含正弦、随机）、碰撞、跌落、摇摆、冲击等。在电动工具使用过程中，一般会伴随着较高的噪声、较强的冲击和振动，电动工具的形态设计要着重考虑使用时的操作方式，使人易于握持和操作，与人体接触的部位要使用触感良好、易于减振缓冲的材料（图3-51、图3-52）。

图3-51　GSH 16-30专业破碎器

图3-52　Hilti SF 22-A / SFH 22-A 无绳电钻

3. 生物及化学因素

生物及化学因素主要指环境中的盐雾、腐蚀气体盐雾、霉菌、腐蚀及有害气体等。竹砧板具有足够的硬度，可以防虫蛀、防霉、防潮。通过中空的设计，可以将刀刃方便地推入竹砧板插槽，不仅安全，而且存储方便，易于悬挂（图3-53）。

人们在从事焊接工作时会遇到有毒气体，刺眼眩光和高热量的散发。3M 9100 焊接防护罩的设计有效地结合了传统中医的经络按压技术和现代的人机工程学技术，使穿戴者感到舒适、放松，并提供了有效的保护（图3-54）。

图3-53　陶瓷与竹砧板

图3-54　3M 9100 焊接防护罩

4. 空间尺度

尺度是指设计产品保持自己适当比例的标准。任何产品均存在于一定的空间环境之中，产品形态不仅受到使用对象人体尺度的影响，而且受到空间环境尺度的制约。产品形态的尺度要考虑到空间环境尺度及各组成部分的构造比例关系，符合人的行为心理要求，使它们的大小、疏密、虚实在比较中显得适度，设计和布置更具科学性。

若环境空间的内部设施由小而简单的物品组成，则显得较为空旷；若相反，则显得狭小（图3-55、图3-56）。

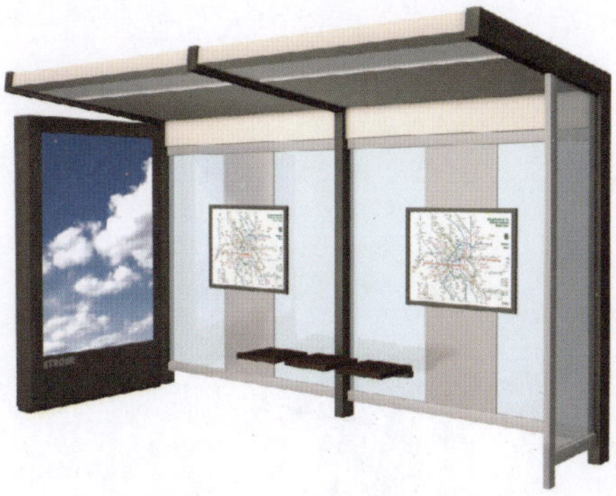

图3-55　City Plus 候车厅

图3-56　Philips LED 灯具

5. 环境介质

环境介质是指产品能够发挥作用的物质载体。根据使用环境介质的不同，自行车有山地自行车、赛车等，在产品形态上有较大区别（图3-57～图3-59）。

图3-57　Racemaster SLX01 公路赛车

图3-58　城市风暴自行车

图3-59　Trailfox tf01 山地车

6. 环境设施

环境设施是指产品存在环境中的其他物品和设施。各式各样的产品构成了人们的生活和工作环境，任何产品都不是单独存在的，必然与周围的其他物品产生交互，这种环境的整体性要求产品的形态设计要从全局出发，处理好形、色、质等方面的对比与调和关系，营造良好的环境氛围（图3-60）。

图3-60　Virgin大西洋航空公司肯尼迪会所机场贵宾室

3.5.2 社会性环境与产品形态

所谓社会环境空间，是指人类社会活动中宗教、伦理、礼仪、秩序、风俗等诸方面，即人类必须符合和适应的精神方面的因素。由于地域、民族、社会的不同，导致了人们在意识形态、文化习俗、生活方式等多方面的差异性，产品作为在特定事件中人们使用的一种道具，必然要符合现场的环境氛围要求。如图3-61所示，Sparebanken Vest 一改银行固有的严肃、传统的内部氛围，通过空间分割、形体对比、色彩组合，创造了动感、轻松、愉悦的内部氛围。

图3-61 Sparebanken Vest 银行的客户会议室、座位和展示方案

3.6 生活形态与产品形态

1. 生活形态的概念

所谓“生活形态”，是指现实生活中不同群体的生活样式或类型，包括价值观念与人生态度。生活形态是一种独特的活动模式，是有别于他人的兴趣和观念。生活形态分析以群体为研究对象，把研究对象理解为活生生的人，理解为有历史背景、有社会关系、有苦恼、有欢乐、有追求、有个性的不同族群，然后根据消费行为和消费方式进行区隔。

用户的生活形态反映了用户如何生活的现实状况，比如他们认为什么是最重要的，他们如何支配自己的时间和金钱，他们对某事某物表现出什么样的态度等。

2. 生活形态与产品形态设计

通过对不同族群的“生活区隔”，研究不同生活形态下，不同族群的生活观、消费观和传播观，从而发现和解读不同族群的需求密码，进而为目标消费群定位、品牌定位和品牌概念设计提供科学依据。并从其生活阶层、环境、年龄、爱好、工作等细致调查及分析的基础上，挖掘和放大在某种生活形态中对设计有启示性和发展性的细节，进一步把这种源于生活中的细节作为设计的依据，以发掘潜在的产品机会；还可以帮助设计师了解使用者在各种文化冲击下特有的价值观，尤其是亚文化大量侵入后的生活态度，进而帮助设计师正确地掌握使用者的生活文化符号特征，以利于新产品的开发。

3. 御宅族

御宅族常称为Otaku，一般指对ACG（动画、漫画、游戏的总称）具有超出一般人的知识面、鉴赏和游玩能力的特殊群体，是ACG爱好者的代名词。现泛指极少出门，喜欢整天宅在家里上网、看动漫、打电玩等，并热衷于收藏周边产品。他们在自己的世界里自得其乐，对于人际交往和社会活动往往漠不关心，和家人很少沟通，更不喜欢接触社会，不关心世界发生了什么（图3-62）。

图3-62　御宅族生活形态

衣：对日常衣着全然不在乎，不注重形象。

食：典型食物包括泡面、饼干、速冻食品、外卖等。

住：不管是买的房子还是租的房子，一个小窝是必备的。窝里必定塞满了宅人狂热的东西。必需品有：计算机、打印机、漫画、连续剧、家用数码设备、电器（特别是冰箱）；另外，一定要有一张舒适的床。

行：宅人很少出门。

工作：宅的生活状态要有稳定的收入来源，坐吃山空不靠谱，典型的职业为自由职业者、作家、程序员、网店主……

购物：网购知识娴熟，既然宅，所有东西全部网购解决。

3.7 时尚与产品形态

法国著名学者皮埃尔·杰罗研究认为："在大多情况下，人们并不是购买具体的物品，而是在寻求潮流、青春和成功的象征"。

时尚流行实际上就是单位时间内群体的喜爱偏好。"流行性"是消费市场一直具有的特点，时代不同，消费者的喜好也会随之不同，消费市场中的产品也应具有一定的流行性。

流行性具体反映为流行风格，所谓流行风格，是指在一定时间范围、一定地域内，大众乐于接受的一种形式，是一种文化现象。它的变化反映着时代的物质生产和科学技术水平，也体现一定的社会意识形态的状况，与社会的政治、经济、文化、艺术等方面有密切的关系。

近些年来随着科技的进步和消费者审美观念及生活水平的提高，人们对于产品的"时尚感"、"流行感"的要求变得越来越高。随之而来的是越来越多的产品设计者和生产者开始关注流行的时尚信息，很多具备流行元素的产品出现在人们身边。设计虽然不是为流行或是流行文化而生，但在设计越来越多地介入人类现实生活的过程中，产品设计的创新性要在"时尚"中得以体现，无论是某种新功能的开发，还是形式的创新，设计都以其对时尚的制造、影响或引导的方式，起着提高生活水平、促进市场发展的作用。设计逐渐成为流行的创造者，与此相同步，它也成为流行的普及者（图3-63、图3-64）。

图3-63　MacBook Air

图3-64　P7 便携式多媒体播放器

构成一件产品形态的元素很多，包括比例、形状、表面处理、色彩、功能等诸多要素，同时，不同的产品由于其功能及目标用户的差异，要迎合的时尚潮流的侧重点也不尽相同。也就是说，同一种时尚元素在不同的领域有不同的应用方式，不同的领域都有属于自己的时尚与流行元素（图3-65）。

图3-65　2009年太阳镜：外观经典复古、镜腿修饰复杂、渐变色流行

3.8　品牌与产品形态

产品的商业属性决定了其企业归属，任何企业的产品都有一定的范围限制性。在企业的发展过程中，逐步形成了企业独特的文化和个性，一个企业之所以长盛不衰的关键在于它能独立确定一些不依赖于当前环境、竞争条件或管理时尚的核心价值，表现为对特定消费文化的差异化理解，企业通过品牌对产品进行标记。社会变化呈现出动态性和持续性，人们对品牌的印象和品牌传递给消费者的含义时时刻刻都在变化，要在不同的产品形象设计中打造一致的品牌体验，就需要保持相对稳定的品牌个性，通过品牌文脉加以实现。所谓文脉，在设计中更多地应理解为文化上的脉络，文化的承启关系。

运用文脉可以将品牌的核心价值和品牌个性进行合理的管理。通过定义和解构产品形象的要素（核心价值、属性和个性），依据企业品牌形象实施战略，产品成为体现特定语义参考的品牌品质，基于语言的品牌定义被转换为显性和隐性的品牌设计元素，抽象的文脉具化于产品的形象设计之中。

1. 显性品牌设计特征

显性品牌设计特征也可称之为设计格式或设计银行，是呈现特定品牌联想的物理形态，通常是品牌所特有的产品形态视觉要素组合，如形状、色彩、表面处理、纹样设计及其组合方式。通过在同一品牌下不同产品形象设计中的反复应用，形成了品牌所特有的一种设计格式，体现为可溯性的设计特征，易于联想到品牌形象。要注意区分产品类别的流行性设计特征和显性品牌设计特征，强有力的公司设计文化易于形成可溯性的品牌设计元素（图3-66）。

图3-66　佳能G系列相机G2、G3、G5、G6、G7、G9、G10、G11

2. 隐性品牌设计特征

隐性品牌设计特征是通过定性描述的，不具有明确可视性组合要素的设计特征。隐性品牌设计特征表现为在产品体验过程中，对产品形象特征的整体性把握，是一种不易于表达的感受，是对品牌个性的深层次表达，其视觉表现形式在多个产品间不具有统一性。非可溯性品牌设计元素隐形地与特定的品牌知识相关联，根植于设计文化和品牌遗产。多普达公司致力于无线通信领域，探索更新的沟通方式，将产品实用性诉诸于无限的想象空间，充分体现产品的科技感和个性化（图3-67）。

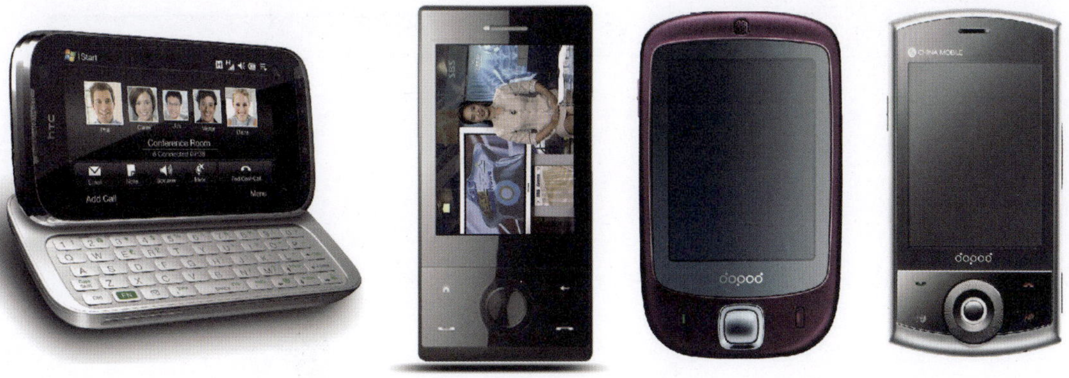

图3-67 多普达手机

3. 品牌文脉的遗传与变异

品牌文脉的遗传与变异形成了具有不同特征的产品形象设计，文脉也可理解为“文化”与“脉动”，即传承与创新。理解产品类别，在新颖性与一致性之间保持平衡对基于品牌的产品形象设计是非常重要的。鲜明的形象设计显性特征易于展示品牌个性，但过于强烈也易形成守旧、僵化的感觉；如果形象设计的隐性品牌设计特征占据主体地位，虽然呈现出锐意创新的特色，但在繁复多样的产品体验过程中不易于对产品形象信息进行正确的解码，不易于形成清晰的品牌个性。因此，开发期望产品的艺术就在于以企业的品牌形象设计策略为根本，平衡可溯性品牌设计元素和非可溯性品牌设计元素的能力。

B&O（Bang & Olufsen），致力于不断创造卓越科技和感性魅力完美结合的音频、视频产品，呈现充满创意灵感的产品，设计、功能和质量是B&O产品的灵魂。B&O不仅仅为人们提供单纯的视听产品，也提供艺术，B&O创新的外观设计将家用电器产品提升到一个新的高度——艺术的境界（图3-68）。

图3-68 B&O 视听产品

第4章

产品形态设计的原则

产品形态设计是一个相对复杂、不确定的过程。同样的设计专案交予不同的设计师或设计团队，其设计结果可能相去甚远。那么，好的、成功的产品形态设计应该具有哪些品质呢？根据产品设计的目标，从消费者、市场、环境等不同角度，不难得出好的产品形态设计应该具有良好的功能传达性、实用性、美观性、个性、识别性以及环保性。设计的过程是一个不断创造的过程，在产品形态设计过程中并没有什么定法，只要遵循一定的设计原则，灵活运用各种设计方法和表现手法，设计难题就能迎刃而解，创造出好的产品形态。

4.1 创新性原则

21世纪是创新的世纪，创新将在社会生活的各个方面发挥越来越大的作用，创新已成为当今社会生产力解放和发展的重要基础和标志，人类从来没有像今天这样把力量集中在对创新的追求上。面对日新月异的科学技术变革，日益强化的资源环境约束，以及以创新和技术升级为主要特征的激烈国际竞争，中国自主创新能力薄弱的问题已经日益成为发展的瓶颈。加快提高自主创新能力，是引导中国经济发展的要务，是加快转变经济增长方式、推动产业结构优化升级以及增强中国综合国力和竞争力的迫切需求，同时也是在激烈的国际竞争中从根本上保障国家经济安全的迫切需求。

产品设计是一种新产品的创造活动，其目的在于增进产品的技术操作功能及整体品质。产品创新指的是将新产品的构想或生产程序首先作为商业用途，是技术创新，设计创新。创新是产品设计的生命线，设计的价值就在于创新，创新永无止境。形态设计是产品设计的重要组成部分，形态创新设计自然也就成了产品创新设计的重要组成部分，是产品创新在视觉上的最直观的反映。良好的视觉品质是高品质产品的外在表现，是吸引消费者目光和打动消费者内心的关键，自然也成为提升产品价值和市场竞争力的关键因素。

产品形态可以有多种多样的表现方式，无论选择哪种形式，都必须首先满足创新原则，这也是其他几个原则的前提。如果不能从创新做起，总是跟随着其他公司成功产品的形式，无论设计的产品形态有多么完美，都不能树立自身的产品形象和企业品牌形象，无法长久、良好地在市场上立足。产品形态创新要敢于突破传统的限制，注意新材料和新技术的运用，因为技术创新往往能为设计创新带来灵感和空间。还要敢于使用打破常规的表现手法，新形式往往能给人带来新的视觉冲击力，取得意想不到的效果。设计思维也需要建立更为开放和自由的模式，鼓励多角度、多方位地尝试创新（图4-1）。

4.2 功能性原则

产品从诞生那天起就与人们的生活息息相关，它必须满足一定的人的功能需求，因此产品形态是一种为人类生活服务的“工具”，而满足人的功能需求就成了产品最重要的属性，是产品存在的意义所在。产品形态的处理，不仅仅是一种形式美的手段，而是体现了产品本身与使用者的最终对话方式，这种对话通过人类直觉的方式，以视觉、听觉、触觉等感觉来体验和接受，以形态形式美的结构为表层目的，以产品形态的性能与使用者潜在需求期望的吻合为终极目标。图4-2为人的信息处理系统。换言之，一件好的产品首先要满足人们特定的功能需求，产品形态作为功能的载体，在设计过程中应遵循功能传达的原则，即要求产品形态能清楚地表明该产品是什么、干什么用的、如何操作、如何维护等。

图4-1　创新手推童车设计

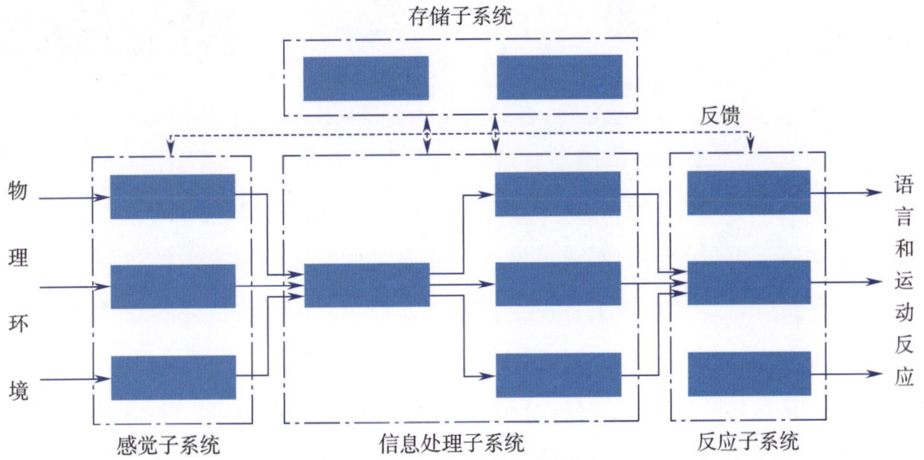

图4-2　人的信息处理系统

著名设计师拜耶曾经说过："视觉设计的作用是使人类和世界变得更加容易为人所理解。"产品的形态就是以人的感受方式将产品内在的性能体现在人的知觉系统中。产品的形态设计是产品功能与形式的结合体，设计过程中，要不断在这两者之间选择和调整，寻求一个最易于人类理解和使用的形态。

人对产品形态的理解主要是通过产品形态中所体现出的符号特征来形成知觉印象，从而根据以往的生活经验或行为相关联的某种联想来感受产品形态所包含的内容与意义。这一过程称为产品的语义表达。产品形态是体现信息传达的媒介，积淀了人类长期的经验，能直接被人所感知，并伴随着丰富的联想和想象。在漫长的发展历史中，人类形成了许多共同的形态理解，这也是产品形态设计能实现的一个重要条件。符合人类认知共性的形态设计语义传达的准确度较高，而不符合人类生活经验共识的形态的语义传达准确度较低。所以经常看到这样一些生活中的场景：教室里几乎所有的同学都能准确地开起日光灯、电风扇等公共设施，即便是一间第一次到过的教室，因为这些开关按钮的形态是生活中最为普遍的形式，按或扭，操作的语义提示十分明显。但是不是所有人都能快速顺利掌握一款设计语义含糊的新型手机的使用方式，如某一知名品牌的某款手机形态与传统滑盖手机十分相似，但实际上它却是一款旋转开起的手机，而且旋转中心设计在下端，这与以往的生活经验完全不符，所以误操作频频出现。与此相比，第一款旋转式手机MOTO V70因其外观圆形部分对旋转的明显寓意，加上细节设计的考究而深得人心，虽然是一款蓝屏技术的手机，但还是取得了相当理想的市场占有率。后来，摩托罗拉公司延续MOTO V70造型的成功经验，推出了全新技术的MOTO aura，同样取得了成功（图4-3）。

图4-3　MOTO V70和MOTO aura手机

产品形态设计的实质是综合使用形、色、肌理等视觉要素，通过对一系列视觉符号的编组，来实现对产品功能和特性的表达。即通过产品形态自身而非说明性的文字来告诉消费者这一产品具备什么功能，怎样使用。所以，设计师要通过学习和研究来掌握各种形态与功能提示之间的关系，从而更好地综合利用现有资源并能加以创新，创造出良好的功能形态语言。

有了确切的功能语义表达外，产品形态设计的功能性原则还体现在形态的塑造要符合使用的方便性，即“易用性原则”。这是设计对人性关怀的体现，是创造更合理的生活方式的有效途径。往往在细节上多考虑一点，就能让消费者在使用产品的过程中感受到方便、轻松、愉快，体会到设计的人性化。如图4-4所示，通过给自行车车把增加一个折叠机构，就能轻松将车把收起来，这样放在走廊里或是在停车场就可以节约很多的空间，并且车把末端还巧妙设计成了一款车锁，增加了产品的防盗功能，真是一举两得的好例子。生活中很多产品都存在这样或那样的使用不便，只要善于发现问题，并勤加思考予以解决，就能给人以惊喜（图4-5）。除了要有奇思妙想的本领，还要关注人机工程学方面知识的学习，它往往是提高产品形态功能使用品质的最有效方法。图4-6所示的手机设计，就更符合人使用手机时的操作规律。

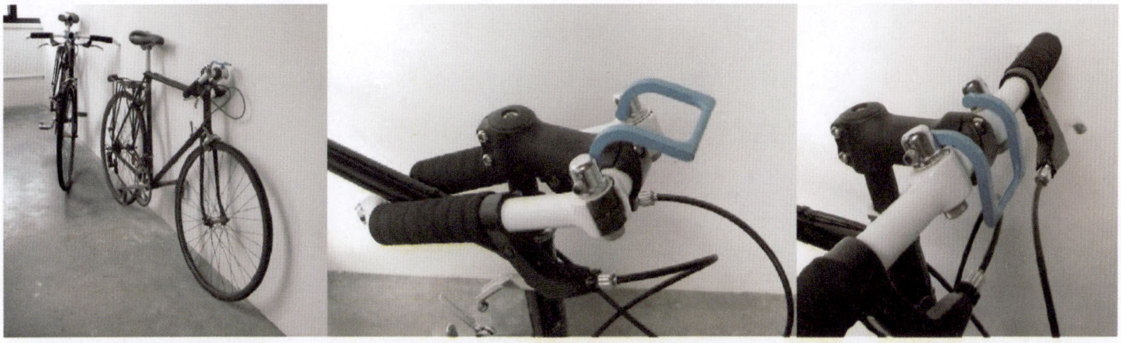

图4-4 可以折叠的车把+锁设计

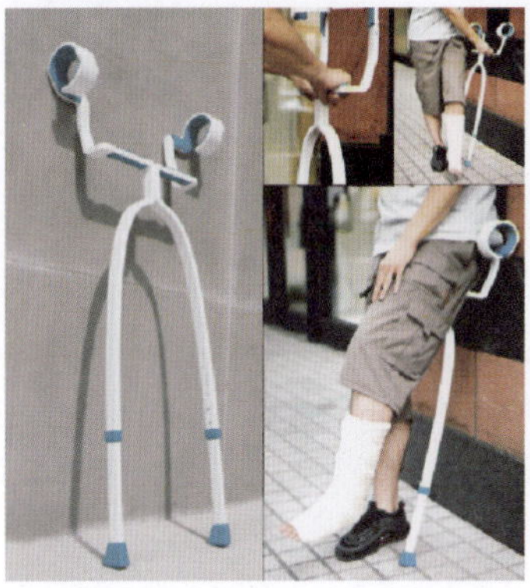

图4-5 多功能拐杖设计

图4-6 符合人机的手机设计

在产品特别是公共设施产品的设计中，通过对形态的巧妙设计，增加产品的易用性，使产品能方便地为残疾人士提供服务，就是无障碍设计。通过形态细节的设计，使个人产品、家用产品以及公共环境中的产品能被更多年龄、能力范围的人使用，就发展成为通用设计。这样的设计能更好地为更广泛的消费者服务，体现对弱势群体的关爱，显然具有更高的社会价值。

在电子技术飞速发展的背景下，超大规模集成电路、微型计算机控制芯片使得产品形态越来越趋向小型化、薄壳化、方盒化，赋予产品形态更多发挥空间的同时，也逐渐磨灭了产品形态和功能间必然的联系性，造成了造型失落、造型趋同的形态危机。这时，就更应该从产品形态创造的功能原则出发，选择符合人类视觉认知传统的形象进行再设计，用比喻、象征等手法告诉消费者新技术下的产品是干什么用的，怎么用。图4-7所示的电子书阅读器e-book的造型设计就借鉴了传统图书的造型语言，使得产品功能特性容易被人理解，不至于因新技术的出现而完全颠覆人们旧有生活的经验，在新的生活方式和旧的

图4-7 电子书阅读器e-book

生活方式之间架起了一条较容易跨越的桥梁。基于电子定位、传感、显像等多种高新技术的绘图工具产品（图4-8），则在造型上遵循传统蜡笔或粉笔的式样，使得孩子们更容易掌握新产品的功能和使用方法。图4-9所示的电子菜谱下载浏览终端设备的设计则沿用了锅铲的造型元素，可以很好地与厨房环境相融合，也比较容易被理解和接受。

图4-8　电子绘图工具产品

图4-9　电子菜谱下载浏览终端设备

4.3　审美性原则

一件产品在实现使用功能传达的同时，往往还传递着审美方面的信息。从知觉审美心理出发的视知觉理论认为，作为知觉对应物的形态结构，其形态本身蕴含着某种能唤醒人们知觉印象的“能量”，这种“能量”与人们知觉心理中的某种需求相互作用，就可产生一种审美的愉悦，从而在审美中建立起心理的沟通，唤起对某一形态的理解及兴趣。也许有人认为审美方面的东西是可有可无的，但是市场告诉我们，审美价值是最能增加产品价值的形态设计要素，也是吸引消费者注意力，并最终实现购买行为发生的最直接的因素之一。

现代产品设计被誉为是技术和艺术的结合，因为科技的进步、生产的发展，使得产品之间的技术差异越来越小，出现同质化的趋势，生产厂家很难在技术上保持长期的领先，为了占领市场，产品审美功能的开发就显得尤为重要。产品在满足功能需求的前提下，形态是否具有意味，是否符合消费审美趋势，成了能否吸引消费者从而赢得市场的关键。

产品设计的目的是满足大众消费的需求，自然产品审美也要满足大众的审美需求，符合大众的审美规律。长期以来，在生产、生活中，人们观察人类自身和自然中的动物、植物、山川、河流等，从中归纳和概括出了具有普遍意义的美学规律，这些规律就是人们常说的基本形式美法则。概括起来主要有：变化与统一、对称与均衡、对比与调和、比例与分割、节奏与韵律等原则。这些来自生活中的审美体验总结，反过来又引导和约束着人类的造物活动，产品形态的塑造自然也必须受到这些审美经验和规律的影响和约束。产品设计过程中能否合理应用形式美法则，成了是否能塑造出具有美感的产品形态的关键。

1. 变化与统一

变化与统一是形式美的总法则，也是产品造型设计的基本规律之一，被广泛应用于造型活动中。“统一”强调物质和形式中各种要素的一致性、条理性和规律性，“变化”强调各种要素间的差异性，要求形式不断突破、发展，是创新的要求。变化与统一是一对不可分割的矛盾体，体现了人类生活中既要求丰富性，又要求规整、连续、统一的基本心理需求。视觉活动中，过于单一而平板的形象容易引起视觉疲劳，导致心理的反感，因而适度的丰富变化总是令人愉悦的，在视觉中会产生舒适与美的感受。

在产品造型设计中，变化与统一作为统摄各种艺术处理手法的基本原则得到了广泛的应用，实际应用过程中表现在对产品形态整体基本形态和局部细节关系的把握和处理上。人对事物的认识和把握总是遵循由大到小、由整体到局部的规律，如果产品基本形态过于复杂，使人难以把握其中的规律和秩序，就会造成知觉系统的负担，从而使人丧失兴趣。因此，产品的基本形态不宜设计得过于复杂，要有一个比较主导性的结构秩序便于理解和把握，强调产品整体形态的统一性、秩序性。与此相补充，就要求在产品形态的局部细节处理上，尽量做到丰富与变化，突破单调，激发人对细节的探索兴趣。二者相辅相成，协调发展，不能重此薄彼。设计中如果只重视局部的变化，而缺乏对整体统一性的考虑，就会造成形态的支离破碎；相反，如果只重视整体协调与统一，忽视细节的变化与调整，就会造成形态的呆板、单调与乏味。因此，产品形态设计中要同时兼顾整体形态的秩序性和细节局部的丰富性。

此外，还要注意基本形态和细节之间要具有和谐统一的关系，这就要求围绕产品设计的概念，针对市场和目标用户的特点，选择合适的设计语言，使产品形态达到多样性与和谐性的统一。在设计系列产品形态的过程中也要注意合理处理个体间的差异与系列间的统一之间的关系。要注意保持系列产品间共同的特征，要注意相似形态与不同功能表达之间的巧妙结合，要注意细节设计上的区别（图4-10）。

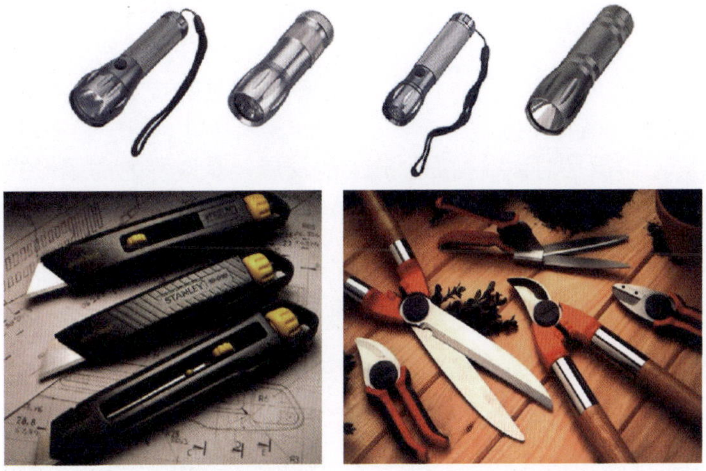

图4-10　变化与统一在产品设计中的运用

2. 对称与均衡

对任何一种艺术形式来说，平衡都是极其重要的，不平衡的设计会给人们造成一种挫折感。平衡是人的生理需要，一个人失去平衡，就无法生存。人除了要求自身的平衡外，还要求周围环境也具有平衡感。平衡给人稳定、安全、可靠、平静的心理感受。对称和均衡是两种经常被使用的达到造型视觉平衡的手法。

在看不对称的物体时，人依靠视觉的流动来寻找平衡感，这往往使人感到压迫和分心，造成视觉上的疲劳。所以，人们都有一种要求两边对称的心理。对称是自然界中最为普遍的一种现象，包括人类自身在内，还有许多动物、植物、非生物，甚至细胞结构等都表现为对称的形式。对称有轴对称和中心对称两种形式。轴对称是以直线为对称轴，直线两边形态对称的形式，如蝴蝶的翅膀，人的脸和人体外形、骨骼，日常用品和大量的古代建筑形式，古代城市规划都是中轴对称的。中心对称是以中心点对称的形式，如发射。从心理学角度来看，对称满足了人们生理和心理上对平衡的要求，给人稳定、庄严、整齐、秩序、安宁、信赖的感觉，这种形式最古老最实用。对称的价值又是有限度的，如有些物体太微小或太大太分散，对称对于它们就无价值。这里主要研究的是轴对称，它是一种极稳定的形式，在生物学上和物理学上是完美的形态，也是产品形态设计中常用的手法。轴对称也是一种严肃和传统的形态，象征着正统和庄严。对称的形式在设计中比较保险，容易被接受，但创新难度大（图4-11）。

图4-11　对称在产品设计中的运用

均衡是对称结构在形式上的发展，是对称的高级形式，由形的对称转化为力的对称，体现为“异形等量”的外观。在设计表现中，均衡是一种比较自由的形式，使人感觉活泼、自由、富于变化，是一种非对称的平衡。均衡分为物理均衡和心理均衡。物理均衡是一个物体上的各种作用力相互抵消为零的状态；心理均衡指外物的刺激使大脑视皮层中的生理力的分布达到可以互相抵消的状态，眼睛感觉到平衡。人类对平衡的感知往往是通过眼睛的直觉观察获得的，是一种心理感知上的平衡，与物理平衡并不一致。在形态设计中主要追求一种视觉心理上的均衡，是根据形态体量、大小、色彩、材质等因素来判断的。在设计中，主要是通过视觉重心的合理布局来实现视觉的均衡（图4-12）。

图4-12　均衡在产品设计中的运用

3. 对比与调和

对比指的是使具有明显差异、矛盾和对立的双方，在一定条件下，共同处于同一个完整的统一体中，形成相辅相成的呼应关系。对比的表现形式很多，主要有形体对比、色彩对比、材质对比、方向对比、实体与空间的对比等。对比能使主题更加鲜明，形式更加活跃。调和强调共性，强调在不同形态、质地之间取得某种协调和联系。对比与调和是变化与统一最直接的体现。统一的环境一旦变化，势必形成对比，要使诸多不同的形式统一起来，势必要采取调和的手法。对比和调和是相辅相成的，对比强调变化，调和强调统一，二者一般协同使用，在局部应用对比，整体应用调和。

在产品形态设计中，对比和调和是最常使用的形式美法则之一。通过对局部间设计元素进行大小、粗细、疏密、曲直、软硬、动静、轻重等对比，来活跃产品形态视觉印象，同时为了避免差异性过大而产生的形态过渡生硬不协调之感，一般又会在元素间使用渐变和相似形的方法，使相邻的元素既有对比又不失调和（图4-13）。

图4-13 对比与调和在产品设计中的运用

4. 比例与分割

比例是人们在长期的生产实践和生活活动中以人体自身的尺度为中心，根据自身活动的方便总结出的各种尺度标准。对产品而言，比例就是指产品各个部分之间、部分与整体形态之间的数比关系。在产品形态创造活动中，一直运用着各种比例关系，如等差数列、等比数列、黄金分割比等。符合比例的产品形态具有一种内在的生命力，使人感到和谐与美。按照一定的比例关系处理分割产品各部分的关系也是产品形态设计常用的手法，如书本、电影银幕、电视屏幕等经典产品的长宽比就是按照黄金分割比关系确立的。其他一些产品细节和整体的比例关系也遵循着各种比例关系，如图4-14～图4-19所示。

5. 节奏与韵律

节奏指视线在时间上所作的有秩序、有规律的连续变化和运动，节奏性越强越具有条理美、秩序美。柏拉图认为能感受到节奏是人类所特有的能力，人能通过优美的节奏感到和谐美。产品形态的节奏表现为形体、色彩、肌理等造型元素既连续又有规律、有秩序的变化。它

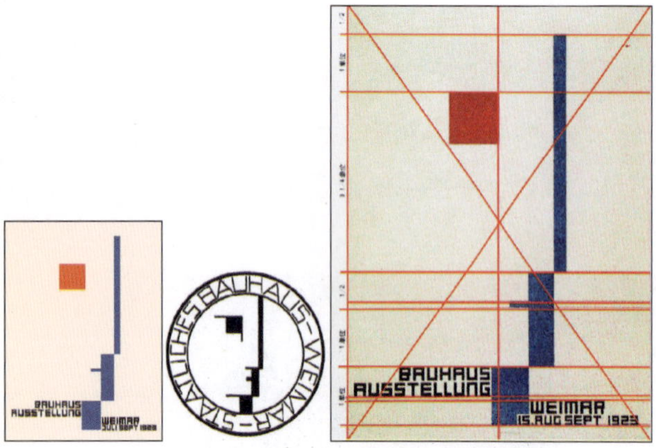

图4-14　比例与分割在设计中的运用——
包豪斯展览、包豪斯校方专用章

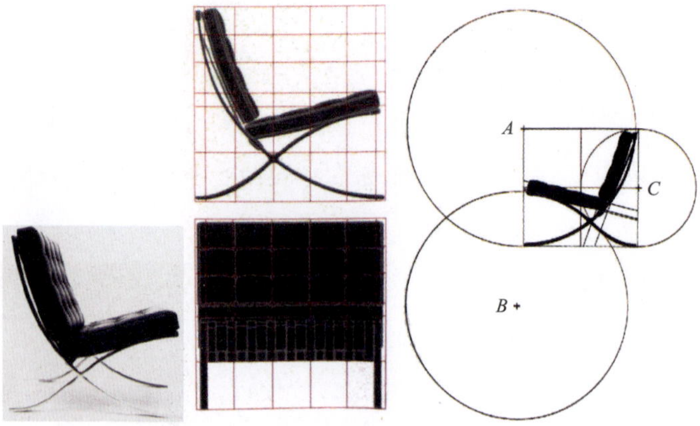

图4-15　比例与分割在设计中的运用——
巴塞罗那椅

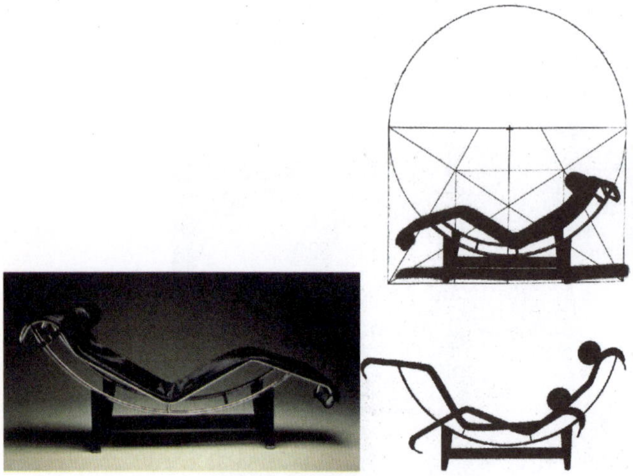

图4-16　比例与分割在设计中的运用——
休闲椅（密斯•凡•德罗）

图4-17　比例与分割在设计中的运用——
大众甲壳虫汽车

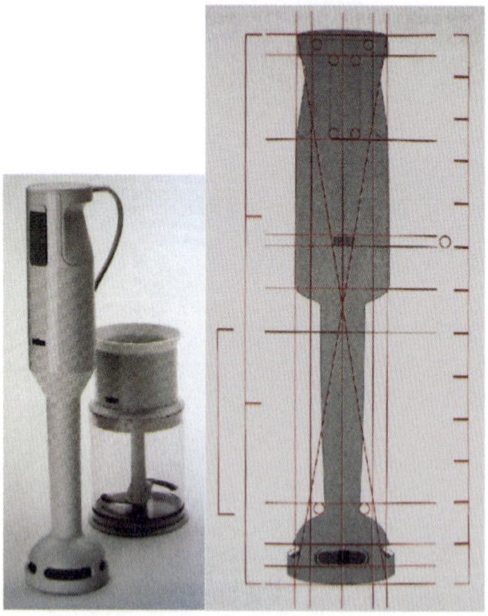

图4-18　比例与分割在设计中的运用——手握式搅拌器（勒•柯布西耶）（德国博朗）

图4-19　比例与分割在设计中的运用——最香的咖啡壶（德国博朗）

能引导人的视觉运动方向，控制视觉感受的规律变化，给人的心理造成一定的节奏感受，并使人产生一定的情感活动。

韵律指在节奏的基础上更深层次的抑扬节奏的有规律的变化统一。韵律是表达动态感觉的造型方法之一，在同一要素反复出现时，会形成运动的感觉，使画面充满生机，在一些凌乱的东西上加上韵律，则会产生一种秩序感，并由这种秩序的感觉与动势萌发生命感。对于产品形态设计来说，经常使用造型要素的反复出现来表现韵律（图4-20）。

图4-20 富有节奏和韵律的各类产品设计

像其他艺术和设计形式一样，产品形态设计也会打上时代的烙印。由于每个时代的审美观念都是不断变化的，形态设计要考虑流行因素的影响，跟上时代审美的步伐。当代产品设计已经抛弃了大批量生产、大众化款式的经营方式，取而代之的是小批量、多品种、差异化的方式，为了适应新的生产方式，产品造型风格也发生了相应的变化。归纳起来，多元文化背景下的现代产品造型趋势为：

（1）简约几何造型占主导地位

人类的内心总是在寻找一种平衡的生存状态。当今社会，人们周围的物质世界变得越来越复杂，生活节奏加快，来自社会、环境、工作、生活的压力也越来越大，于是人的内心深处就有一种寻找平衡的要求，希望生活中面对的事物是单纯、简单、富有亲和力的。同时，科技的迅猛发展，产品的极大丰富，使得消费者对产品的品位得到提升。面对科技带来的越来越人性化的生活，科技感的简约几何造型自然也就受到了人们的欢迎。这就是产品造型简约几何形式占主导地位的心理基础。

简约不等于简单，与当代科技的强强联合，使得简约成为现代科技感的代名词，单纯的几何形态通过高科技的材料、光色、工艺技术等，创造出无穷的同现代生活精神相符合的新形式。简约几何造型代表了单纯的生活态度，富有逻辑的生活秩序，自然具有良好的亲和力，受到时代的欢迎（图4-21）。

图4-21 简约几何风格电话产品

（2）尺度迷你化

“迷你”是Mini的音译，中文意思是小型、微小，当然像其字面传达的意思一样，还有可爱、流行的意味。无论是迷你裙、MINI汽车、Mac mini、迷你电话、迷你音响等，都成了流行与时尚的先锋。

产品尺度迷你化的出现与流行并不是偶然现象，而是必然趋势。首先，技术的进步，微型电路的出现，精细加工工艺的推广，使得迷你化成为可能。其次，拥挤、流动的城市空间要求生活产品尽可能小巧、方便携带或移动。再次，人性化的生活需求，要求产品无时无刻都要关怀着人的生存，要将人从各种负担中解放出来，尺度迷你化很好地适应了这方面的要求。最后，随着人类环保意识和可持续发展观念的提高，产品尺度迷你化可以节约对能源的消耗和对环境的污染，最大限度地实现可持续发展的目标。

经典的设计案例有很多，从中不难看出，尺度迷你的产品形态亲切可人，受到了市场的欢迎，取得了巨大的经济和社会效益。如苹果公司推出的Mac mini计算机，就以其极为小巧、精致的外形创造了IT界的奇迹，成为市场和流行的引领者（图4-22）；为应对燃油危机而设计的经济省油的小型汽车MINI，更是从诞生之日起，就以其小巧可爱、极具英伦复古风格的造型吸引了大批崇尚精致品质生活人群的喜爱（图4-23）。

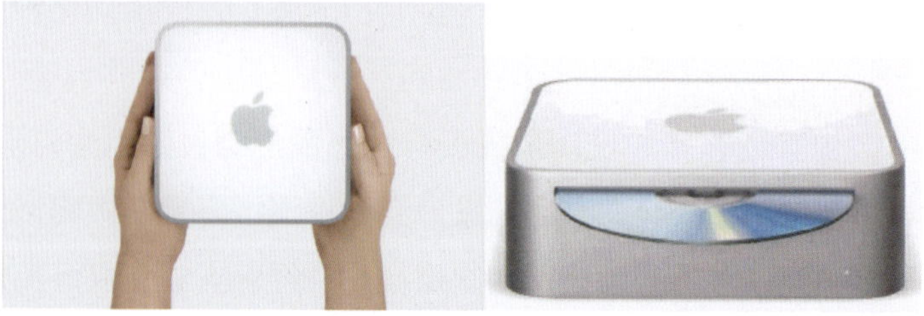

图4-22 苹果公司推出的Mac mini计算机

图4-23 MINI汽车

在塑造产品形态时，既要遵循总的形式美法则的造型原理，又要结合市场实际需求，掌握时代跳动的脉搏，创造出具有时代精神的产品形态。

4.4 感性化原则

人与人之间的交流是通过语言来实现的，物与人之间的沟通是通过物的功能及形态来传达的。人们在创造产品功能的同时，也赋予了它一定的形态，可以表现出一定的性格，就如产品从此有了生命力。人们在使用物的过程中，会得到种种信息，引起不同的情感，设计使产品在外观、肌理、触觉对人的感觉产生一种“美”的体验或使产品具有了“人情味”，称之为感性设计。在全球范围内，产品设计出现感性化设计的趋势，体现为设计表现出产品的象征性，主要体现在产品本身的档次、性质及趣味性等方面，产品形态体现出艺术化和个性化的特点。

产品形态个性化是指产品形态具有独特的气质和特点，是产品形态人格化的表现，即产品形态像有生命力的人一样，具有自己独特鲜明的个性。艺术性表现在产品造型塑造过程中注意形态与空间的关系，形态与情感表达的关系，要求产品形态具有艺术雕塑般优美的形式，并能表现某种意境，与消费者在情感上产生共鸣。产品造型的艺术个性化发展趋势符合物质生活日益丰富后，人们对产品差异化的需求，对精神生活满足的追求，同时也是各个商家使自己的产品区别于竞争对手的产品，实现销售认同，从而占领市场的有效手段，与此同时还能提高产品品位和价值，帮助企业树立良好的品牌形象和企业形象。

艺术个性化的产品多不拘泥于以往和现有的产品形式，形态处理大胆创新，色彩鲜艳夺目，敢于运用高科技技术和新型材料。往往从研究使用者生活方式入手，充分利用现代人机工程学和美学的成果，科学地增加产品设计中的感性因素，从生理、心理两方面更好地满足使用者的需求，并往往提供了更为理想的生活方式和生活环境（图4-24）。感性化的产品形态具有良好的视觉美感和亲和力，大大提高了产品的附加值，此外，还是消费者个性和身份的体现，具有精神象征的作用。在产品的感性设计中，设计的产品不仅要功能明确、材料合理，而且产品的形态要有如自然界生物的内在生命之神韵。这就要求通过研究并理解有机物及无机物的形态特征与其生命循环过程（即孕育、出生、成长、死亡、再生、转化）及生长环境之间的关系，掌握创造富有生命力的物体形态的方法，创造出富有动感、张力、生长感的产品形态。

图4-24　个性化家具

设计师通过运用仿生、卡通、夸张、扭曲等手法，造成了视觉上的冲击。设计大师菲利普设计的榨汁机就是很好的例子，它的外形简练、流畅，富有张力，体现出良好的整体感和艺术感，并且，形态还很好地实现了产品的使用功能。设计大师克拉尼是个运用仿生形态的高手，他所设计的仿生形态的躺椅，造型圆润、线条流畅，富有生命力，并且舒适宜人，是感性设计的经典。如图4-25、图4-26所示，还有很多优秀的设计案例：篮球和足球造型电话机设计，幽默诙谐；书架设计，别出心裁等。

图4-25　个性化电话机设计

图4-26　其他个性化产品设计

4.5 识别性原则

随着消费者需求层次和市场竞争程度的提升，以差异化的品牌为核心竞争力的产品设计已经成为市场的主流。具有较高信誉度的品牌产品在市场销售中具有明显的竞争优势，它成为优良品质和服务的象征。而品牌在此过程中也树立起自身的价值，成为品质生活的象征。从此，人们购买大品牌的产品不仅仅是为了得到好的产品和服务，同时还为了象征自己的身份和地位。品牌形象是一个包含产品品质、服务、品牌理念、宣传等多个内容的复杂的整体，就产品设计而言，设计师的工作主要是通过设计，树立起产品形象，从而为品牌形象的塑造服务。具体到产品形态的设计中，就要求设计师赋予产品一定的风格特征，从而树立产品形象的可识别性。只有这样才能吸引消费者忠实于某种风格，最终成为该品牌的忠实消费者。

产品形态设计的识别性原则主要表现为产品风格的一贯性。利用产品设计的细节不断强化关于品牌产品的某些特定的属性和感觉，从而产生某种熟识和经验，将有助于消费者迅速而正确地理解品牌产品所传达的完整信息，并由不同且相关的意义侧面构成品牌产品的感性形象。这主要包括品牌个性与产品风格的一致性和系列产品外在表现的一致性两方面的内容。

保持品牌个性与产品风格的一致性需要研究产品的形态语言以及相应的认知反应、色彩的个性、材料肌理的感觉、产品细节的特征等，形成某些共识，并将其应用到设计中，使各部分的表现尽可能协调，并与品牌的个性描述相一致。要在产品外在和内在的各个层面中，通过产品的整体视觉传达系统持续一致地传递品牌含义，形成强有力的冲击，创造出一种熟悉感、延续性和可信赖感。

产品的品牌形象不是在短期内或经过一两件产品的形象就可以轻易形成的。它需要一个长期持续的过程，通过一系列相似的产品形态持续刺激，不断加深印象，形成统一形象。这使那些已经认同这种设计形象及其背后美学价值的顾客一眼就能识别该商品是哪家企业的产品，使产品形态自身也具有宣传品牌的作用。同时，这也降低了设计成本，还可以缩短设计周期，这就是保持系列产品外在表现一致性的重要性。企业设计开发产品时应该考虑到企业的品牌概念和形象，产品的外观应注重与企业原产品的设计相延续，保留或延续其原产品外观的某些设计元素，保持形态设计的继承性和稳定性，使产品在视觉上形成共同的“家族”识别因素。常用的做法有：利用某种固定的色彩搭配或线型特征，或在同一系列产品中应用共同的材料、零部件、相似的外形结构、表面处理、技术特征等。

许多品牌的成功都印证了识别性的重要。通过产品品牌风格和形象的确立，构成了企业经营中重要的无形资产，大大提高了企业的市场竞争力。因此，在产品形态设计中，要充分认识到这一点，合理利用品牌设计风格的基因，塑造出叫好又叫卖的产品新形态。

4.6 环保性原则

工业化大生产造成的对资源和环境的过度开发和利用，已经威胁到了人类自身的发展和延续。在绿色设计和可持续开发的呼声中，逐渐形成了新的形态造型观念，相关内容在第1章中已经介绍过，这里不再赘述，希望设计者在设计过程中，能够时刻谨记环保的重要性和迫切性，将其作为一条重要的设计原则加以重视。

第5章

产品形态设计方法

现代产品形态千变万化。似乎没有办法探究究竟有多少种不同的产品形态设计方法，所以这里只能从分析产品形态突出表现的内容入手对产品造型手法进行分类：功能主导型产品形态设计方法、文化象征型产品形态设计方法、品牌形象主导型产品形态设计方法、艺术审美主导型产品形态设计方法、情趣型产品形态设计方法等。因为分类标准和视角不同，加上社会进步会带来更多种类的产品形式，所以产品形态设计方法本身也在不断地发展。

5.1 功能主导型产品形态设计方法

功能主导型产品主要是指那些以满足人的某种物质功能需求为主的产品，设计以功能实现为中心，以结构为出发点进行设计，设计富有理性，是典型的功能主义设计方法。这种设计方法目前广泛用于工程机械、医疗设备、工具类、仪器、家具、日用品、电子产品等领域。

功能主义是一种持续了两百多年的哲学思想，早在18世纪就已出现，认为一件物品的美和价值是取决于它对其目的的适应性，最有影响的口号是“形式追随功能”，强调功能对于形式的决定作用。功能主义设计多表现为现代主义设计风格，产品呈现出简洁、无装饰的几何化形态，经历了包豪斯以及战后各国的发展，逐渐形成了集功能论、人机工程学、技术美学等内容为一体的日趋完善的设计方法。特别是随着战后人机工程学在民用领域的广泛应用，使得产品在拥有良好使用功能的同时也拥有良好的人机效果，助使功能主义设计方法成为当代主流的设计方法。

随着人类需求的提升以及审美的变化，结合绿色设计、人性化设计等理念，功能主义设计方法也不断在发展。从包豪斯时期开始，持续影响了以后一大批产品设计，包括后来的乌尔姆造型学院、BRAUN公司等的现代设计。目前比较有代表性的功能主义设计风格主要有新理性风格、极简风格、新锋锐风格等。

1. 新理性风格

新理性风格继承了现代主义的理性风格，从德国BRAUN公司与乌尔姆造型学院密切合作开始，盛行于20世纪七八十年代，突出“功能”这个设计重点，视觉风格简洁、明快、大方、精致，以几何造型为主，线条挺拔，局部略呈弧形，色彩多选用中性色或略带其他颜色的灰色调为主（图5-1），被BRAUN、西门子、索尼、IBM等公司广泛使用。究其原因，这种风格以功能为中心协调各种设计因素间的关系，在功能性、人机工程学、适当的时尚感与稳重大方简洁间找到一个极好的平衡点，有助于体现技术的先进和品牌的大气。

图5-1 新理性风格产品设计

其中设计大师迪特·拉姆斯（Dieter Rams）概括总结的BRAUN公司的设计十原则被广泛认为是评判功能主义设计好坏

的准则：

① 出色的设计是需要创新的。它既不重复大家熟悉的形式，但也不会为了新奇而刻意出新。

② 出色的设计创造有价值的产品。因此，设计的第一要务是让产品尽可能地实用。不论是产品的主要功能和辅助功能，都有一个特定及明确的用途。

③ 出色的设计是具有美学价值的。产品的美感以及它营造的魅力体验是产品实用性不可分割的一部分。我们每天使用的产品都会影响着我们的个人环境，也关乎我们的幸福。

④ 出色的设计让产品简单明了，让产品的功能一目了然。如果能让产品不言自明、一望而知，那就是优秀的设计作品。

⑤ 出色的设计不是触目、突兀和炫耀的。产品不是装饰物，也不是艺术品。产品的设计应该是自然的、内敛的、为使用者提供自我表达的空间。

⑥ 出色的设计是历久弥新的。设计不需要稍纵即逝的时髦。在人们习惯于喜新厌旧、习惯于抛弃的今天，优秀的设计要能在众多产品中脱颖而出，让人珍视。

⑦ 出色的设计贯穿每个细节。决不心存侥幸、留下任何漏洞。设计过程中的精益求精体现了对使用者的尊重。

⑧ 出色的设计应该兼顾环保，致力于维持稳定的环境，合理利用原材料。当然，设计不应仅仅局限于防止对环境的污染和破坏，也应注意不让人们的视觉产生任何不协调的感觉。

⑨ 出色的设计越简单越好。

⑩ 设计应当只专注于产品的关键部分，而不应使产品看起来纷乱无章。简单而纯粹的设计才是最优秀的！

2. 极简风格

这是一种极其简洁、极其纯净的设计，将现代主义的简单发挥到了极致，是“少即是多”的生动体现。多以冷静理性的线条、单纯的几何块面塑造形体，去除一切不必要的装饰，讲究设计的精练，常表现为超薄的扁方盒状，多使用亚克力、金属等材质营造出非常酷的视觉效果，注重高品质的设计美学，从不跟随时尚亦步亦趋，关注技术细节的表现，重视人机关系，强调人性化设计。产品多为高档产品，如丹麦B&O公司的系列家用电子产品等（图5-2）。

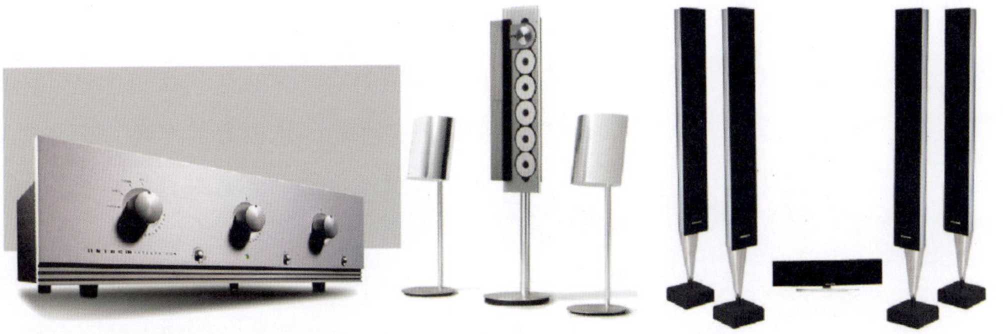

图5-2　极简风格产品设计

3. 新锋锐风格

这种风格最早出现在汽车的造型设计中，1996年福特推出的Kar以及1999年凯迪拉克推出的概念车Evoq都是典型的案例。硬朗的线条，多棱的块面，前后车灯尖锐的轮廓，体现出极强的力量感。后来这种“棱角分明”的设计风格影响到家电设计领域，成为酷与时尚的代名词。EPSON的千禧银彩喷墨打印机、奥林巴斯的μ-1相机等，用明确笔挺的线条，或重视弹性线条的运用，强调面的转折，多见光洁的平面或弹性曲面相交或转折形成锐利的交线，但整体仍感流畅。此类产品广泛使用不锈钢、镀铬等方法处理成金属质感，多用亮金属色或加彩金属色，表现出强烈的现代感（图5-3）。

图5-3　新锋锐风格产品设计

虽然功能主义设计的内容越来越丰富，但它一直围绕着机能结构和人机要素两方面来进行设计，设计程序大致分为以下几个阶段：

① 明确产品概念和实现该概念的思路。

② 确定产品所使用的技术构造以及人机环境，从而确定产品基本尺度和功能面。

③ 根据产品机能和人机关系确定基本的造型形态。

④ 根据产品机能和人机关系反复修改基本造型形态。

⑤ 进行细节设计和色彩设计。

下面以手电钻的设计为例来说明功能主导型产品的设计方法。首先，在选择技术结构时，要注意对机械机构和工程技术的研究，要与工程技术人员一起努力，在造型、成本、功效几方面间做出平衡，从而实现设计的最优化。其次，功能实现的好坏很大程度上取决于人机关系，因此要通过人机分析反复修改基本形态获得良好的机能面。

在人机分析的过程中可以通过人机实验的方式来确定影响人机关系的关键因素。让使用者采取站立姿态对正面、上面、地面的相同材料进行钻孔操作，并用肌电图分别检查三角肌、肱二头肌等肌肉疲劳程度，证实与人机舒适度息息相关的关键因素是手电钻的重量、重心位置及把手的粗细、把手的倾斜角度。再通过实验模型进一步进行实验（图5-4），确定形态、重量等因素对肌肉疲劳程度的影响。通过肌电图的比较测试就能得出结论：把手与机体所成的夹角一般在25°左右为宜，重心位置应靠近钻

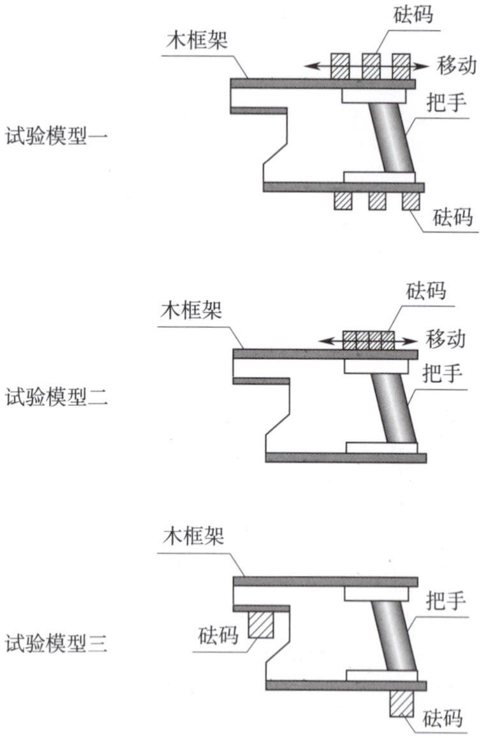

图5-4　手电钻人机实验模型

头，钻头位置下降约55mm并将蓄电池放在把手下面时肌肉负担最轻。这样设计的目标和方向就更为清晰了，再结合技术要素、社会因素、审美因素等内容反复斟酌就能更好地确定产品的造型形态。

综合来看，功能主义的设计手法存在一定的规律可循，即在造型元素上大量使用较抽象的几何形式，经常采用圆形和弧形以及带有*R*角和过渡面的几何体块穿插，追求视觉的洗练、简洁与纯净。功能主义产品形态明显具有秩序感和韵律感，具有较高的传达效率（图5-5）。

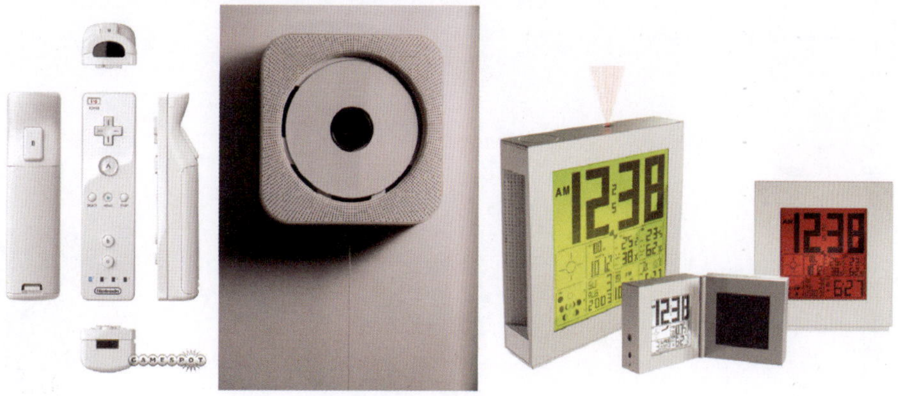

图5-5　功能主义产品设计

5.2 文化象征型产品形态设计方法

从产品语义的观点来看，产品的外部形态实际上是一系列视觉传达的符号，是设计师将设计意图传递给用户并满足用户各种需求的载体。产品形态的语义可以划分为指示性语义和象征性语义两个大类，指示性语义是指表现“显在”的关系，即直接说明产品实质内容（功能）的特性；象征性语义是指在产品的造型要素中不能直接表现出的“潜在”的关系，即由产品的造型间接说明产品本身内容之外的东西，产品形态成为其他内容的象征和载体，这里的其他内容指产品的心理、社会、文化方面的象征价值。产品形态作为一种视觉形象不仅要具有浅层次的形式美感，还要具有深层次的文化意义，这样就使得产品成为文化和人类文明的体现者和传递者。它将有助于用户理解该产品是哪个国家的或哪个时代的，该产品的社会、文化背景以及所蕴含的民族情感，从而帮助用户了解该国或该民族的价值观、文化观、审美观等。文化象征型产品主要是那些与人们生活息息相关的产品，即工艺礼品、文化活动用品、社会公共设施用品等。

现在越来越多的人明白摆脱“中国制造”，树立“中国设计”的形象对我国经济健康长远发展的重要性，而将现代设计方法和理念与中国传统文化相结合，发挥文化的魅力，是我们的有效和必经之路。因此，这里通过分析学习文化象征型产品经典案例，总结出一些行之有效的设计方法。

2008年北京奥运会被誉为是最成功的奥运会之一，给全世界人民留下了深刻的印象，中国风又一次席卷了全球。特别是北京奥运会火炬的设计更是充满了浓郁的中国传统特色：创意灵感源自典型中国文化符号“祥云”，寓意“渊源共生，和谐共融”；造型设计还借鉴了中国传统的纸卷轴的形式，比例匀称，外形简洁，不失现代感；色彩选用红与银色的对比，图案表现手法借鉴了源自汉代的传统漆雕形式，视觉效果突出并带有浓浓的中国味，整个设计显得大气厚重、高雅喜庆。而奖牌的设计更是体现了中西合璧的特色，首次融入了玉石的元素，并以古代龙纹玉璧的形式巧妙地与金属镶嵌在一起，甚至连奖牌的挂钩造型都是从中国传统玉双龙蒲纹璜演变而来的。整个奖牌尊贵典雅，富含中国传统文化寓意，是中国传统价值观的体现（图5-6）。

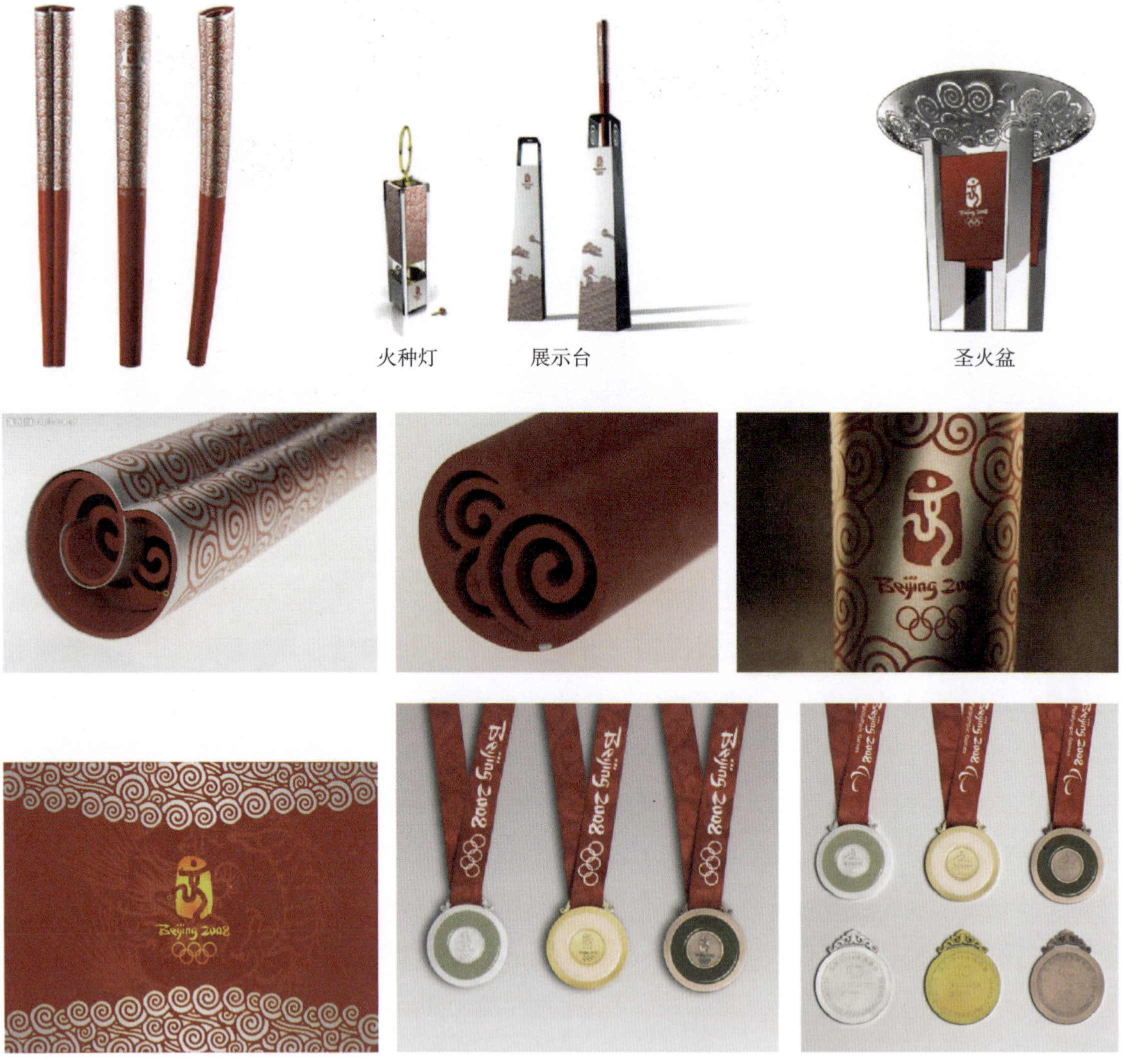

图5-6　奥运会相关产品设计

中式家具以其精湛的工艺、完美的形式、丰富的文化内涵曾经对世界产生过重要的影响，甚至连以家具设计闻名于世的丹麦设计师也对此情有独钟。2006年中国家具出口量达174亿美元，占全球家具贸易总量的1/5。据悉，中国不仅已成为世界第一大家具出口国，家具产业总产值也已跃居世界首位，但是在高端市场的表现却不尽人意。此时，如何提高我国自主品牌的创新设计能力，如何与传统家具文化结合，重新塑造中国家具形象就显得格外重要。从图5-7国内知名品牌——写意东方的成功设计案例中，不难发现未来可以探索的一条道路，即应该努力打造出现代中式风格，将艺术与实用完美结合，将内敛而高贵的风范流露在每个细节之中，注重人机工程学的应用，体现人性化设计，承传东方神韵，品味写意人生。作为设计师应该具有从传统中提取典型文化符号的能力，并能与现代工艺、技术相结合，创造性地设计出符合市场需求的人性化设计作品。

图5-7 写意东方现代中式家具设计

图5-8是中国矿业大学学生的设计作品，是为江南面馆设计的系列餐具，设计中融合江南水乡的特色，并结合江南戏曲人物形象，选用现代材料与工艺，突破传统中餐餐具形式，整体设计形式新颖别致，符合现代快餐文化需求，具有良好的市场价值。作品很好地将文化象征性和艺术表现性结合在了一起，给人耳目一新的设计印象。

每种文化都具有代表性的符号，这些符号来自历史、地域、民族、习俗等不同方面，具有超出实用功能和可识别性以外的种种意蕴和文化内涵，包含了其背后的生产方式、生活方式，以及对自然、对人类社会的理解和态度，是整个时代和历史的缩影，是文明的见证。现代设计中要想体现产品的文化象征性就必须通过这些特定的文化符号及特定组合，使人们体会到传统，感受到记忆中的历史文脉。此外，产品中的某些特征符号又会与某些特定的社会现象、故事、责任或理想发生内在的联系，引发观者有关社会意义的深刻思考。除了从现有文化形式中提取典型符号进行再设计之外，还可以从文化的意象表达入手进行设计。所谓“意象”，指的是融合了主观情思的具体可感的艺术形象。换言之，就是含有某种思想感情的形象。

图5-8　江南面馆餐具设计

5.3　品牌形象主导型产品形态设计方法

品牌作为一种商业化的产物，是公司和公司产品的识别符号与标志，更成为消费者身份地位的代表和个人喜好、品位的标签。产品所表现出来的设计风格、形态、材质等品牌元素符合消费者心中的需求，就产生了品牌形象。产品与品牌互为依存，产品是品牌的物质承载，没有好的产品，这个用于识别商品来源的品牌就无从存在。同样，一种产品只有能够得到消费者信任、认可与接受并能与消费者建立起互动关系，才能使标定在该产品上的品牌得以存活。品牌是一种个性鲜明的文化，是企业经营理念、顾客消费理念与社会价值文化理念的辩证统一。品牌的文化内涵是企业与消费者进行情感交流的基础，是最有价值、无法模仿和替代的部分。消费者与品牌在最近距离上的交流就是与产品的交流，产品是不会说话的，品牌赋予产品“话语权”。品牌以其丰富的精神内涵和文化底蕴支撑产品，把产品中无形的，仅靠视觉、听觉、嗅觉和经验无法感觉到的品质公之于众。

在世界经济一体化，企业参与全球分工的情况下，因为地区经济发展不平衡，逐渐形成了OEM（制造代工）、ODM（设计代工）、OBM（原创品牌）三种不同的经营状态。OEM型的企业没有直接掌握品牌和市场，只能取得微小的收益，一旦需要直接参与市场竞争时，就失去了竞争的能力。随着消费者需求层次和市场竞争程度的提升，一场异化的品牌为核心的产品设计已经成为竞争的主流，21世纪将是品牌的世纪。对于品牌的塑造，不仅要靠广告宣传和市场营销，还需要重视结合品牌识别的产品自身的形象设计。工业设计师的职责就是不断地通过对产品形态、色彩、材质等的设计，延续品牌一贯的风格和个性，从而持续在消费者心中树立品牌的形象，最终实现超脱实体功能技术层面的高附加值。

今天看到的许多世界知名品牌都是经历了不同寻常的发展历程，通过不懈的努力，取得外在和内在风格的一致性，形成了鲜明独特的核心价值和附加价值，不仅满足了消费者的使用需求，更体现其情感需求和价值取向，成为商业社会的成功者。如德国siemens公司，作为世界级的大企业，其16个商业单元涉及的产品范围很广泛，从桌面电话、工作站到电力设备、运输系统等，所有这些不同种类的产品通过产品形态设计明确表达内涵性语义概念：现代的、高性能的，使得产品设计和公司品牌牢固地联结在一起，每一个设计要素都被用来加强siemens的品牌和传递体现其中的价值。丹麦B&O公司的产品则充分体现了北欧设计的“软功能主义”风格：逼真性与可靠性规定了高品质形象；易明性与精炼性规定了简约形象；家庭性与个性规定了对人的关怀。目前，我国国内许多企业直接引进国外企业的先进技术或成熟产品，而不注意对其重新加以系统整合，不注意塑造自己的产品形象，当不同国家的产品同时集合在同一自主品牌下时，就会出现不同的风格，造成产品形象的混乱。

从上面的论述不难看出树立独特的品牌形象和品牌个性对企业而言有多么重要，通过对成功品牌的分析可以知道良好的品牌形象应该具有以下三个特点：

① 内在的稳定性。稳定的品牌个性是持久地占据顾客心理的关键，也是品牌形象与消费者经验融合的要求。品牌个性如果失去稳定性，也就失去了品牌所具有的感染力，不能被顾客感知和接受。

② 外在的一致性。品牌所体现的个性与目标消费群体个性要相一致。

③ 人际的差异性。品牌的个性特征帮助消费者认识品牌，区别品牌，留下印象，转化成品牌形象。

所以，基于品牌形象的产品形态设计应该遵循以下三个设计原则：

① 稳定性原则。不管是同一时间段内推出的产品，还是不同时期推出的产品，其形象都要体现出品牌形象的要求，保持产品形象相对的稳定性（这种稳定性多是抽象理念的形式），从而树立起统一和唯一的品牌形象。

② 文脉性原则。在把形象描述转换成设计语言的过程中，对设计线索和特征的选择必须体现品牌的设计文脉。不是停留在表面的“形式”层面上，而是寻求“意义”层面上的文脉传承。

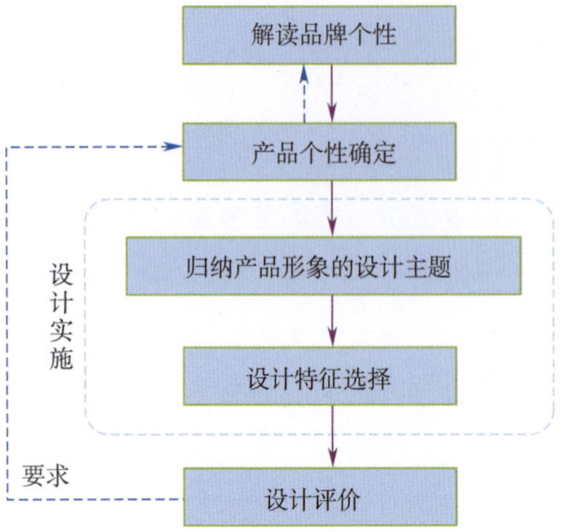

图5-9　品牌形象主导型的产品形态设计流程

③ 识别性原则。产品形态要体现品牌个性，与品牌形象要求相一致，从而从众多竞争者中脱颖而出，具备良好的识别性，这是产品形态设计的基本要求。

在设计实施阶段首先应该根据品牌形象对产品形象进行语义描述，然后就要选取合适的设计线索、特征与元素展开具体的设计。不同的选择将直接影响最终的设计效果，而影响设计线索和特征元素选择的主要因素是产品既有的风格特征和品牌核心价值与个性的指向。品牌形象主导型的产品形态设计流程如图5-9所示。针对实际设计生产过程中的情况，要取得品牌形象的统一，主要有单个产品自身整体要素的统一和基于同一产品平台的系列产品的统一两种。

1. 单个产品自身整体要素的统一

为了树立一个连贯统一的品牌形象，企业需要通过对所有种类的产品进行有效的管理，使每一个设计要素都被用来加强品牌和传递体现在其中的价值。就产品自身而言，产品个性、品牌理念都必须通过产品的视觉要素的整合，以视觉化的设计要素为中心，将具体可视的产品外在形式与其内在的理念或精神协调一致。这就要从研究产品的形态语言入手，总结出形态、色彩、材料肌理、细节等方面存在的共性，并将其贯穿于各个单独的产品设计中，并与品牌个性保持一致。只有这样才能形成强有力的视觉冲击力，创造出一种熟悉感、延续性、可信赖感。

作为单个产品，它同时拥有许多设计细节，为了形成整体统一的品牌个性，保持并延续品牌形象，就要求所有的设计细节风格统一并相互呼应。图5-10中的宝马750就延续了品牌一贯的科技感、时尚感、舒适感的形象，各个细节处理无不体现出科技带来的人性化设计成果。单个产品自身整体要素的统一对品牌形象最明显的贡献是当品牌进行跨类延伸，在不同领域进行产品事业开发的时候，对品牌整体发展战略起着至关重要的作用。意大利兰博基尼与华硕合作，推出的Lamborghini VX系列笔记本电脑，就将兰博基尼的设计精髓贯彻到笔记本电脑的设计概念中（图5-11）：外壳选择经典的黄与黑的镜面钢琴烤漆，这是兰博基尼经典的Look，外形线条则充分体现了兰博基尼车身刚强张扬的线条感；特别是上盖设计，据说灵感来自Murcielago R-GTM的双胴型乘坐区，以及Gallardo两侧车身的风切扰流设计，而LED显示区网片正是复制了Murcielago Barchetta Concept后置发动机盖散热网片，以及Gallardo车身后方的制动灯与排气孔网状饰板。这是兰博基尼一次经典的跨界合作式经营案例。无独有偶，Disney与iriver合作推出了以经典卡通人物“Mickey”为原型的Mplayer，如图5-12所示。通过卡通拟人化的形式再次在全球掀起一阵Mickey狂热，特别是受到了80后一族的热捧，因为Mickey正是他们对童年的记忆。而更有意思的创意是通过转动米老鼠的两个可爱的大耳朵就可以实现对产品的操作。迪斯尼品牌形象再一次得到延伸。

图5-10　宝马750整体要素形象保持统一

图5-11　兰博基尼与华硕合作推出的Lamborghini VX系列笔记本电脑

图5-12　Disney与iriver合作推出的Mplayer

2. 系列产品的统一

面对日益细分的市场，为了满足不同消费需求，并能快速响应市场完成新产品的设计与生产，人们开始了通过产品平台和标准化、模块化组件的开发，进行系列产品或称为家族化产品的设计开发活动。从视觉传达的角度来看，任何一次产品形象的传播所留下的印象都是短暂的，所以，产品的品牌形象需要经过一个较长的持续刺激过程，通过一些相似的东西持续刺激，来不断加深同一形象，使消费者对其形成较为固定的印象。产品系列化或家族化开发形式中，新产品保留或延续了原来产品外观的某些设计元素，形成一类相似的风格或一些固定的细节特点，通过对共性的反复强调，使得产品系列和家族形成相对稳定和统一的视觉形象。这一特点使消费者很容易就能识别该产品是何厂家生产的，品牌是什么，有一种产品品牌自我宣传的作用。更为关键的是这符合那些对该品牌形象和产品形象及其背后美学和文化价值认同的消费者的心理期待，能够使其成为该品牌的忠实顾客。

系列产品形态设计过程中一般有三种设计方法：

（1）组合设计方法

生活中人们的需求是多种多样的，其中有一些需求是相关联的，为了增加产品系列的覆盖范围，吸引消费者注意，厂家往往会通过不同功能产品的组合设计来迎合市场，并起到相关联产品的捆绑销售或连带销售的目的。组合设计中为保持视觉上的统一性，一般会采用统一的色彩或材质，或整体和局部形态的契合，或运用相似的图案等手法进行设计（图5-13、图5-14）。组合设计按照其表现形式不同，又有功能组合、配套组合两种不同的设计方法。

图5-13　相似图案的组合设计方法的运用

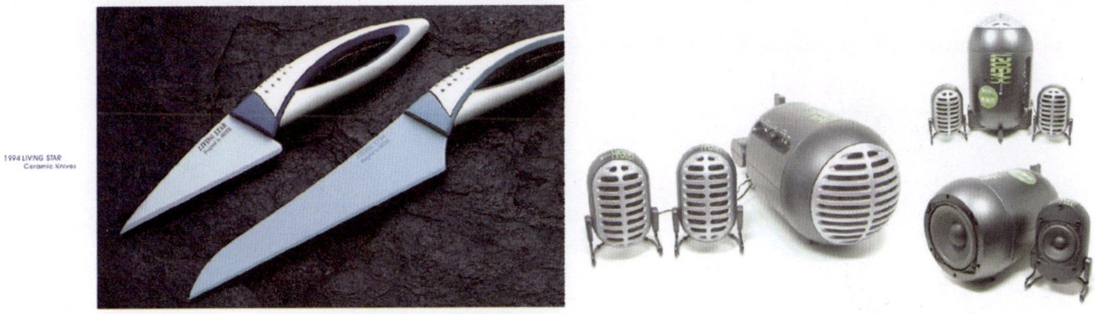

图5-14　相似形态的组合设计方法的运用

功能组合是一种将多个不同功能的同一主题或范围的产品组成一个系列，消费者购买或使用产品时具有可选择性的设计方法。这种设计方法是单件多功能产品的有益补充形式。因为往往一物多用的设计中有一些功能是部分消费者从来不用的功能，这就造成了不必要的浪费。如图5-15所示的工具产品提供了多种不同功能的产品，消费者可以根据自身的需求进行任意组合和选择。此外，现在的家具企业大多采用功能组合的设计方法来进行设计与生产，提供给消费者不同功能的系列产品供其选择。

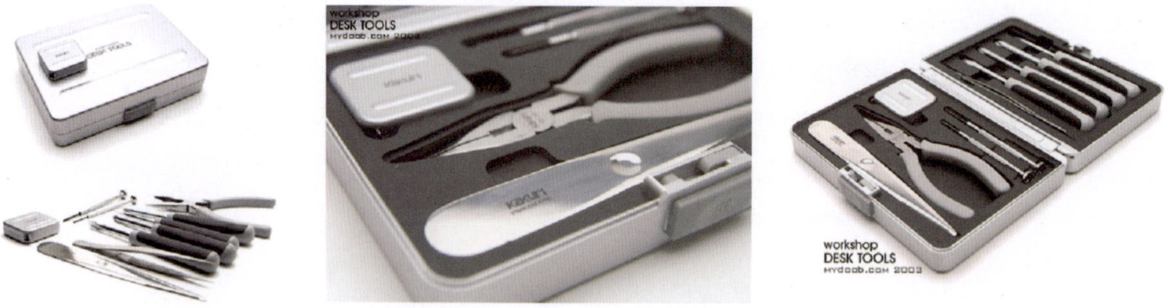

图5-15　功能组合设计方法的运用

配套组合是一种将不同的、独立的产品作为构成系列的要素进行组合的设计方法，这样可以更好地突出品牌效应，有助于特定的商业目标的实现（图5-16）。如2006年中国标准化协会颁布了全球首个成套家电标准，成套家电是指由同一品牌厂家提供，包括白电、黑电、小家电、厨房电器以及娱乐数码产品在内，具有统一功能和协调外观的系列家电产品。标准要求成套家电的造型风格统一，产品功能具有关联性和兼容性，配送、安装、服务、升级必须一站到位。该标准的发布标志着家电行业的发展进入了一个全新的阶段，表明中国成套家电市场开始走向成熟与规范，消费者更多的需求将得到更好的满足。作为世界百强品牌，海尔是唯一参与该标准制定的家电厂商，也是率先发布相应产品的厂商。作为该标准的主持制定者，海尔目前已经开发出多种成套家电，可以根据不同的户型、预算、风格为用户提供量身之选，为用户提供了包括配送、安装、服务、升级一站式的整体解决方案，打造一站到位的时尚生活。如海尔推出的“U-HOME”成套家电涵盖了所有家电设备，和谐时尚的整体色调，不同家电之间的互联互通，一体化的服务和升级，深刻诠释了成套家电的概念（图5-17）。U-HOME是全新的网络家庭平台，诠释了网络家庭的新标准，向人们展示了一种崭新的网络化时代的生活方式。它实现了人与家电之间、家电与家电之间、家电与外部网络之间、家电与售后体系之间的

图5-16　松下家庭影音系统的配套组合设计

信息共享。在家里，网络可以自动无线控制所有带电的设备；在外面，也能通过网络、手机、电话，随时随地与家里的带电设备对话，可以了解家电的运行状况，可以远程控制，还可以实现信息共享。该设计改变了人们传统的生活方式。通过随时随地、无处不在的信息互动，压缩了时间和空间的概念，使人随时享受智能化带来的人性化生活。同时，海尔还推出了另外不同类型的成套家电如“奥运成套家电”等，丰富而个性迥异的套餐类型赢得业界的阵阵喝彩。

图5-17　海尔的成套家电设计概念

（2）变换设计方法

为了满足不同的功能需求，面对日益细分的市场，通过一组功能相同、属性相同、结构相同或相近，而尺寸规格及性能参数不同的产品系列设计方法就叫变换设计。变换设计有纵向变换和横向变换两大类。其中纵向变换又分完全相似的纵向变换和不完全相似的纵向变换两种。完全相似的纵向变换设计主要是产品形态完全按固定比例进行变换的设计方法。不完全相似的纵向变换设计是由于产品的某些部位出于功能上、使用上的限制，无论基本形态如何进行相似变换，该部件固定不变。如饮水机的形态发生了相似变换，但基本功能操作部位并没有发

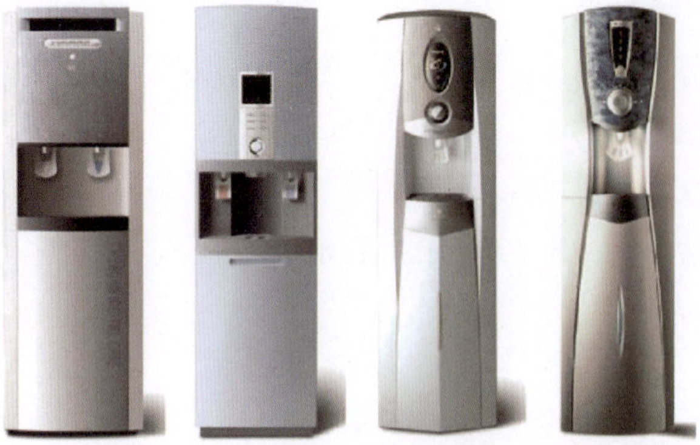

图5-18　饮水机设计纵向变换设计方法的运用

生变化（图5-18）。横向变换设计则是指在产品的基本形态上进行功能扩展，派生出多种相同类型产品所构成的产品系列。如在普通自行车的基础上进行二次开发，派生出儿童车、公路赛车、山地车、学生车等（图5-19）。

（3）模块设计方法

系列产品中的模块设计方法，主要是一种提供具有特定接口的通用件，或结合表面以及结合要素，以保证模块组合的互换性的设计方法（图5-20）。

图5-19　横向变换设计在自行车设计中的运用

图5-20　模块设计方法在收音机设计中的运用

5.4 艺术审美主导型产品形态设计方法

这一类的产品主要是一些与人们的日常生活关系密切的产品，如日用产品、家具产品、小家电等，当然也有用在大型交通工具上的案例。通常设计师在对这一类型产品进行设计时，会将产品形态作为艺术创作的对象对待，以艺术的语言塑造产品形态，因此视觉上往往表现出戏剧化的效果和极强的艺术感染力。在带给人们审美享受的同时，还能引发人们的哲学思考，传达出对人性的关怀。这种处理产品形态的做法往往是追求艺术效果胜过功能，因此，有时会以牺牲部分使用功能或使用的方便性为代价来换取视觉上的审美性。这正说明了人们有时候追求消费价值甚于功能的消费现实。艺术性手法的设计大师有斯塔克（Philippe Starck）、克拉尼（Luigi Colani）、盖里（Frank O.Gehry）等。归纳起来，艺术性设计手法通常注重有机形态的塑造，空间感的表现，产品体现了一种内在的生命力，有时还以装饰主义的手法来加强产品形态的审美特性。

1. 有机形态的塑造

有机造型设计发展的根源，主要来自于19世纪以来全球性的产业社会现代化所奠定的思想基础。在整个产业现代化的过程中，人们都以追求高度的经济增长为目标，因此造成了整个设计领域以理性主义和功能主义为主的面貌。在近百年来急速发展的现代化社会背景下，整个社会环境以及人与人之间的关系逐渐变得更为物质化与机械化，并由此造成了人们心中普遍存在的不安全感。因此，要求设计应该以努力追求使用者与商品之间更为和谐的关系成为未来的方向，真正使设计成为通过人们生活上的使用需求去探索适合时代背景的产品表现形式的过程。

目前许多产品都表现出了富于有机感的造型形式。小到牙刷、电话机，大到家具、交通工具等，都充分发挥了圆弧线条的作用，形成整体感十足并具有相当人性化和现代主义风格取向的有机形态设计。这种有机造型的风格将成为今后设计的一种主要发展趋势。只要能够重拾大家几乎已经遗忘了的历史文化及传统造型，恢复由于过度追求效率而导致分崩离析的人际关系及社会体制中的合理部分，并且扬弃过度重视物质主义和理性主义等偏颇的观点，就一定可以为有机造型的设计概念创造出更有丰富内涵的社会条件。

仿生设计是有机形态塑造的有效途径，自然界存在着极为丰富的形态，为产品形态创新提供了取之不尽的设计源泉。当然仿生设计作为应用生物学的一个分支，是一种独立的设计方法，它包含功能仿生、结构仿生、色彩仿生、形态仿生、肌理仿生、意象仿生、形式美感仿生等内容。这里讲的主要是指与形态方面相关的仿生造型方法，是一种以动物、植物、微生物、人类等所具有的外部形态为基础，通过抽象、对形式美感的认知与应用，以及生物意象的表达，寻求产品形态的突破与创新的设计方法。对生物形态的仿生要求人们不仅要学会观察常态的生物形式，更要学会观察非常态的生物形式，即从不同视角、宏观和微观、整体和局部，以及动态变化的过程来观察生物。仿生设计可以是从目标生物概念到产品概念的过程，也可以是从目标产品概念到生物概念的过程。设计中要善于发现并提炼生物中的形式美感规律，如对称与均衡、节奏与韵律、对比与调和、比例与尺度等，将其运用到产品形态当中，创造出具有生命形式美感的造型形式。而对生物意象的表达，则使人产生一定的生理、心理效应和情感的呼应，使产品更具趣味、情调、意味文化及其他象征意义。如图5-21所示，对鼠标的设计体现了其小巧灵活的象征寓意；小猪在中国人的意识里是一种富足生活的象征，鱼则寓意着年年有余的文化意义，所以用在存钱罐的造型设计中极为贴切。

图5-21　仿生产品设计

克拉尼是当今时代最著名的也是最具颠覆性的设计师，被国际设计界公认为“21世纪的达·芬奇”，他设计了大量造型极为夸张的作品，他的设计具有空气动力学和仿生学的特点，表现出强烈的造型意识，他希望通过更自由的造型来增加趣味性，故被称为“设计怪杰”。克拉尼认为他的灵感都来自于自然，“我所做的无非是模仿自然界向我们揭示的种种真实”。他对于有机形态的追捧甚至让其宣称“蛋是最高级的包装形式”，“宇宙中无直线”，“我的世界是圆的”（图5-22）。

在运用仿生设计进行有机形态的产品设计时，一定要注意对生物形态加以概括、提炼、强化、变形、转换、组合，扬弃纯粹自然形态的简单模仿，做到对生物形态形式美感和意象的抽象表达。

2. 空间感的表现

工业产品多为一些体形较小的东西，加上过去加工技术和条件的种种限制，使得以往的产品形态塑造过程中，多把产品当做一个实体来对待。随着时代的变迁，人们的审美意识和水

图5-22 克拉尼仿生产品设计透露着“以人为本”的设计理念

平的提高，材料和加工技术的突飞猛进，现代产品形态体现出丰富的空间感特征。引入空间元素使得产品形态虚实相应，更具内涵与美感。对产品形态的空间感塑造主要是通过改造体块，引入面、线要素，使用透明材质，分解元素等手法来实现的。

（1）改造体块

现代产品形态并没有脱离现代主义简洁、以几何形体为主的特征，对体块的改造也是在此基础上进行的。要通过改造体块来增加产品形态的空间感，主要是通过对体块的面、边缘轮廓进行改造，塑造出新的具有空间特征的产品形态。

如图5-23、图5-24所示，通过对产品形体表面进行弯曲变形处理，创造出一个向内的虚空间；通过对产品上表面进行切削处理，使得产品具有空间感。

图5-23　家具产品设计中虚空间的表现

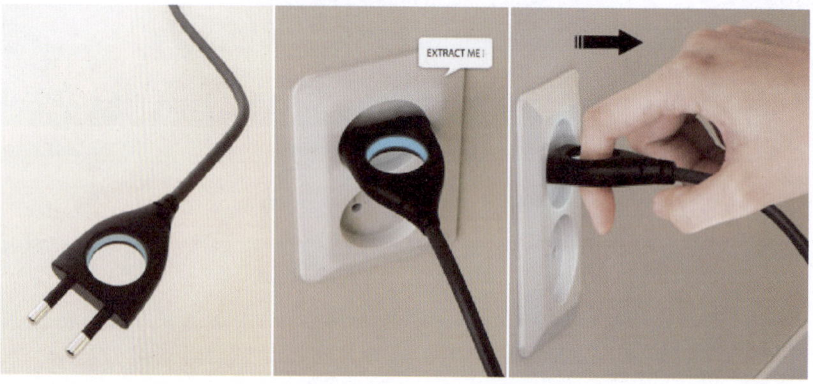

图5-24　插头设计中虚空间赋予产品更好的使用功能

产品形态的细节处理是产品成败的关键，比如对产品边缘轮廓的塑造，就是很好地体现设计品质的方法，而对产品形态边缘的倒角处理往往还会提高整个产品的空间感，增加形态的内涵（图5-25）。

（2）引入面、线要素

塑造形体不仅可以使用体块的元素，还可以通过面的围合和线的排列来实现。

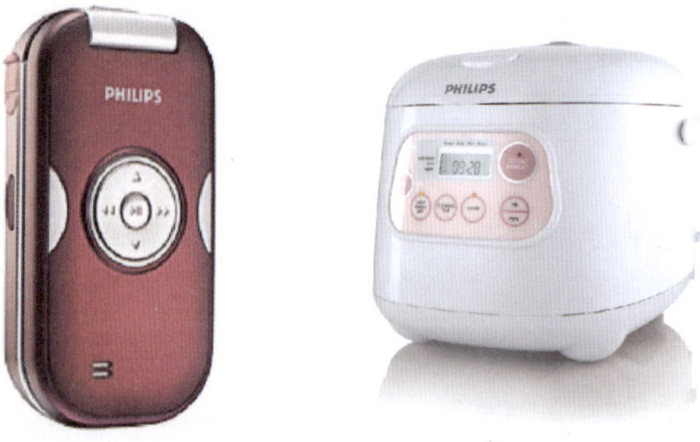

图5-25　细节处理对产品空间感塑造的体现

由于这两种要素形成的形态往往具有不封闭、通透的特点，所以通过引入面或线的元素，可以给产品带来丰富的空间层次感和通透轻盈的形态感觉（图5-26、图5-27）。

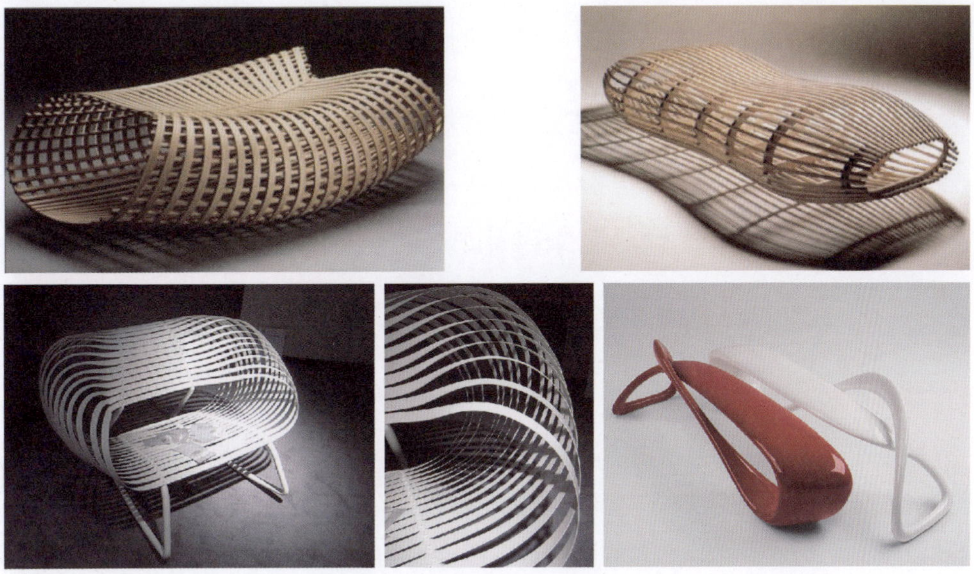

图5-26　线元素给产品带来丰富的空间层次感和通透的形态感

图5-27　面元素给产品带来丰富的空间层次和轻盈感

（3）使用透明材质

现在越来越多的透明和半透明的材质被用在产品中，这些材料以其丰富的视觉层次，塑造出美妙的空间感觉，丰富了产品形态的表达语言（图5-28）。

图5-28 透明材质可以增加产品的空间感

（4）分解元素

这是现代产品设计受解构主义设计思想影响的生动体现。实质是对于解构主义的破坏和分解，解构不是一般的消除与拆毁，而是打破现有单元化的秩序，也就是对其进行分解与重新的认识与组织。他们往往抛弃已有先例，从数学构形以及拓扑构成中展开形态的研究，将所创造的形态形成相互关联、相互冲突、无中心、变异、多系统、不稳定、动态与持续变化的效果。如通过对平面或立体图形的叠加、互旋、非理性穿插、错位的空间构成以及并置、散乱、残缺、突变、动态、倾斜、畸变、扭曲等处理方法，发展了一系列与机遇和偶然相联系的设计手法。概括来说，解构主义的设计形式，不是一般的某种功能形态，而更像雕塑，形态游离于“之间”，充满空间感（图5-29、图5-30）。

图5-29 波卡•米塞里亚吊灯（英戈•莫端尔）

3. 体现生命力

艺术作品往往通过作品本身传递出某种生命的感人力量，引起受众心理的共鸣，从而产生审美感觉。具有艺术审美价值的产品形态也同样具有生命力般的表现形式。这主要是通过调整轴线、使用曲线、丰富色彩等方法来实现的。

（1）调整轴线

垂直或水平的轴线会使产品形态表现出安稳的视觉特征，如果将轴线进行倾斜或弯曲处理，产品的心理静力平衡就被打破了，从而会产生运动的趋势，使产品形态看起来更具活力（图5-31）。

（2）使用曲线

直线往往给人平衡、静止、稳定的心理感受，曲线则相对显得富有活力和生命感。所以，在产品形态设计中通过使用富有曲线感的线条，可以增加产品的活力，产生动感（图5-32）。

（3）丰富色彩

色彩对产品生命力感觉的影响是最直接有效的，因为色彩的信息传递是先于形态的。使用鲜艳和对比的色彩可以迅速增加产品的活力，产生年轻富有生命力的感觉（图5-33）。

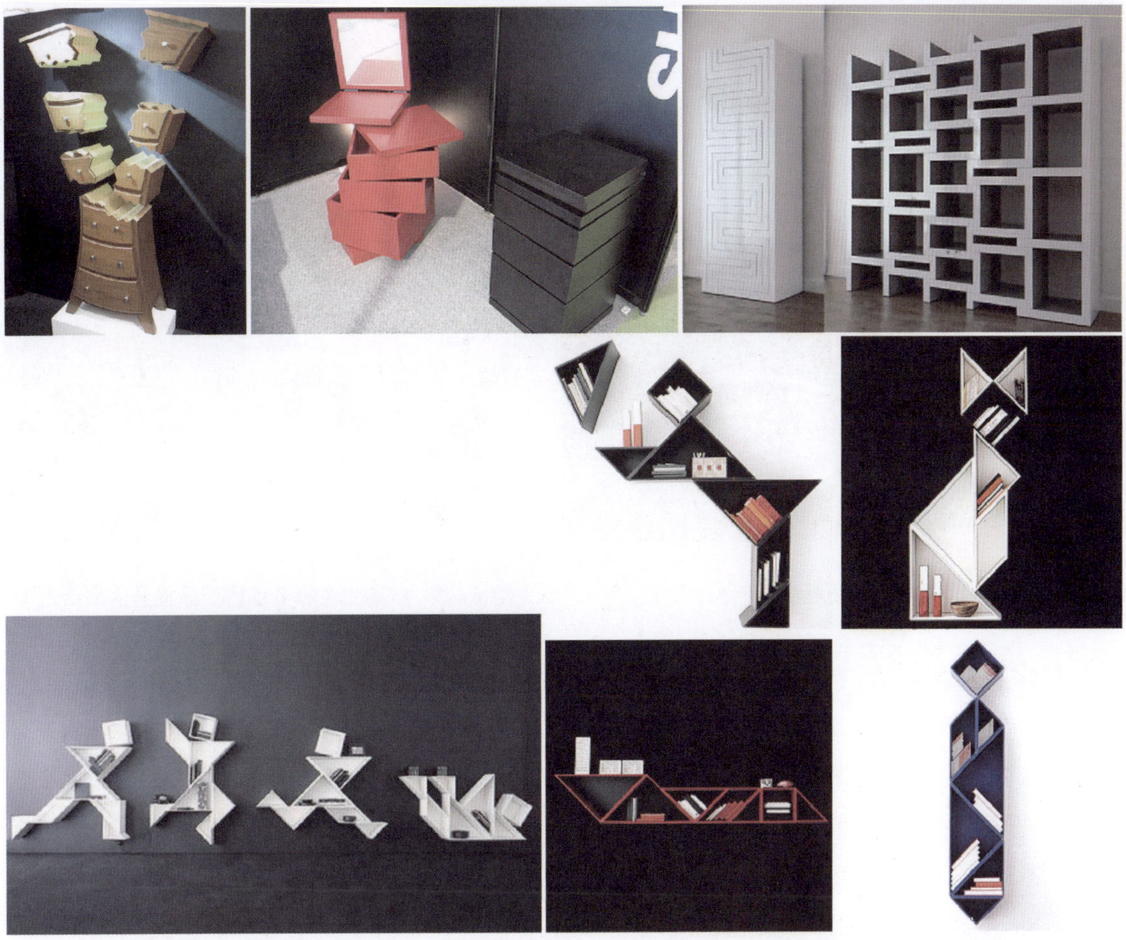

图5-30 分解设计元素可以增加产品的空间感

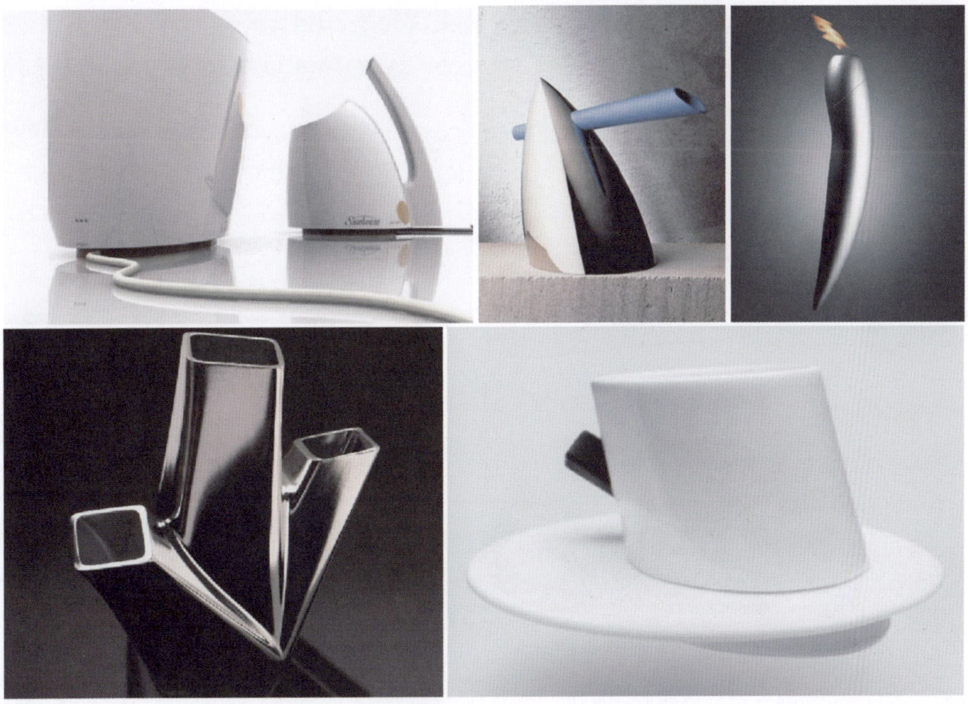

图5-31 倾斜轴线可以使产品更具生命活力

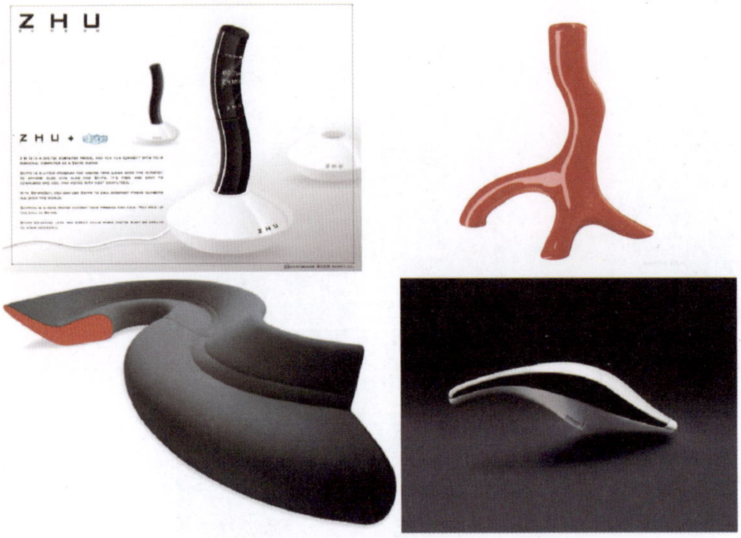

图5-32　使用曲线可以使产品更具生命活力

图5-33　丰富的色彩可以使产品更具生命活力

4. 装饰主义手法

在满足基本物质需求的基础上，人们就有了追求生活品质的愿望。因此，装饰主义因其对高品位生活的象征，以及强烈的人文艺术感染力，悄悄在产品设计领域兴起。这里讲的装饰主义是将后现代主义中与装饰密切相关的内容——历史主义和地方主义纳入到一个现代装饰的大谱系之中，它们可看成是从装饰角度对现代主义所作的补充，也就是象征意义的弥补。新艺术运动和装饰艺术运动等前现代主义思潮与历史主义和地方主义等后现代主义思潮在时间上处于现代主义的前后，其核心内容经历了由重视装饰的美学意义到强调装饰的象征意义的过程，即由“唯美”到“语义”的转变。这种转变首先是20世纪中叶以来，欧美国家经济、技术、思想等因素发展演变的必然结果；其次，对现代装饰的探讨离不开现代主义这个对现代装饰演变走向起决定性作用的因素。现代装饰和现代主义是互为背景、互相影响的两个范畴，现代主义中的一些核心理念实际上印证和预示了现代装饰由“唯美”向“语义”转变的合理性。自然美和几何美、抽象美和具象美是“唯美”和“语义”两种装饰倾向的四个美学范畴，动感线条和造型符号则是两者所侧重的设计手法（图5-34～图5-37）。装饰主义手法不仅满足了消费者更高的审美要求，更提高了产品的附加值，实现了良好销售目的，

图5-34　诺基亚多款复古花纹装饰的手机和蓝牙耳机

因此，这种处理手法属于商业性的设计手法。图5-38所示的惠普TX系列笔记本电脑不仅从技术上进行改良，使产品具有更为自由和丰富的使用方式，而且通过装饰使产品更具美感。

图5-35　由自然花纹装饰的具有艺术气息的家具产品

图5-36　从植物造型抽象出来的具有装饰效果的图片夹设计

图5-37　由各种抽象几何图案镂空装饰的餐具设计

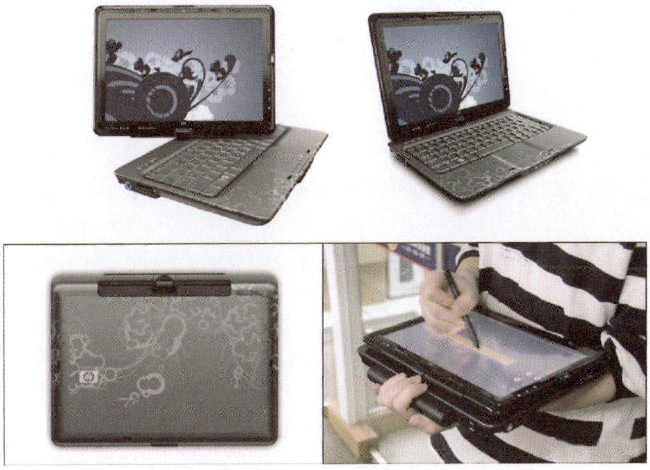

图5-38　惠普TX系列笔记本电脑

著名设计师斯塔克（Philippe Starck）的设计作品中也经常使用自然或几何、具象或抽象的图案对产品进行装饰。斯塔克崇尚简洁的设计风格，着眼社会责任和人性化，作品中经常采用艺术性的设计手法，表现出雕塑般的形式美感，传递着他那“将追求物质的世界变成充满人性的世界”的设计理念（图5-39）。斯塔克不断创造出流行的设计符号，成就了一个又一个的经典畅销产品，甚至有人说“斯塔克的名字意味着销售量”。

图5-39　斯塔克的设计

5.5　情趣型产品形态设计方法

趣味化产品指产品的某一方面，包括产品的形态、功能、肌理、触觉以及产品的背景和相关的故事更能够吸引消费者，同消费者产生一定的共鸣，创造快乐愉悦的具有审美体验的产品。随着信息时代的发展，人的压力逐渐增大，精神生活相对匮乏，迫切需要精神层面上的放松。同时也由于物质生活的丰富，对于产品的要求不仅仅停留在对物的基本功能的需求上，而是上升到一种心理精神等附加价值的取向上。特别是目前成长起来的新新人类，更是属于感性消费和符号消费一族。此外，在后现代主义文化的背景下，新一代的产品除了继承了现代主义严谨的功能、理性特点以外，越来越多的设计师不断将“趣味化”的审美元素融入到产品的造型和功能中，新式材料和现代技术都成为演绎新趣味的手段，创造出集实用性和娱乐性于一体，充满人文和艺术情调的可爱产品。用有趣味的形式唤起人们各种情绪的同时，企业也从中获得了大量的商业利润，“趣味”成为企业创新设计的源泉。趣味化设计就是在这一背景和前提下发展而来的，天马行空的趣味化产品更是成为流行时尚的标志，并成为未来社会设计发展的方向之一。

趣味化的产品设计继承了很多后现代主义语境下的设计语言。它利用设计本身给人造就愉悦的优势来达到一种非生命的产品与人的亲和和友善，更好地构架起产品与使用者之间的桥梁。概括起来产生趣味的方式主要有：

1. 生趣

设计者可以从自然界中的事物中进行形态的提取与概括，用生动灵活的形态使产品产生趣味（图5-40）。

2. 机趣

设计者通过巧妙和机智的设计使得产品具有良好的功能和形式（图5-41～图5-43）。

图5-40　生趣的产品设计

图5-41　衣服挂+椅子（Philippe Malouin设计）

图5-42　巧妙的去壳器设计

图5-43　Jake Phipps设计的折叠椅，折叠起来是一个薄的箱体结构，便于存放携带

3. 谐趣

产品用一种轻松、游戏的形式创造出幽默、滑稽的形态。产品一般带给人们的是反常的逗人解乐的形式。如图5-44所示，开始看像鸡蛋，其实是个台灯。这类产品的幽默效果非常容易受人喜爱。图5-45中的产品表面上看是盘录音磁带，但实际上它却是个MP3。

图5-44　滑稽的鸡蛋台灯

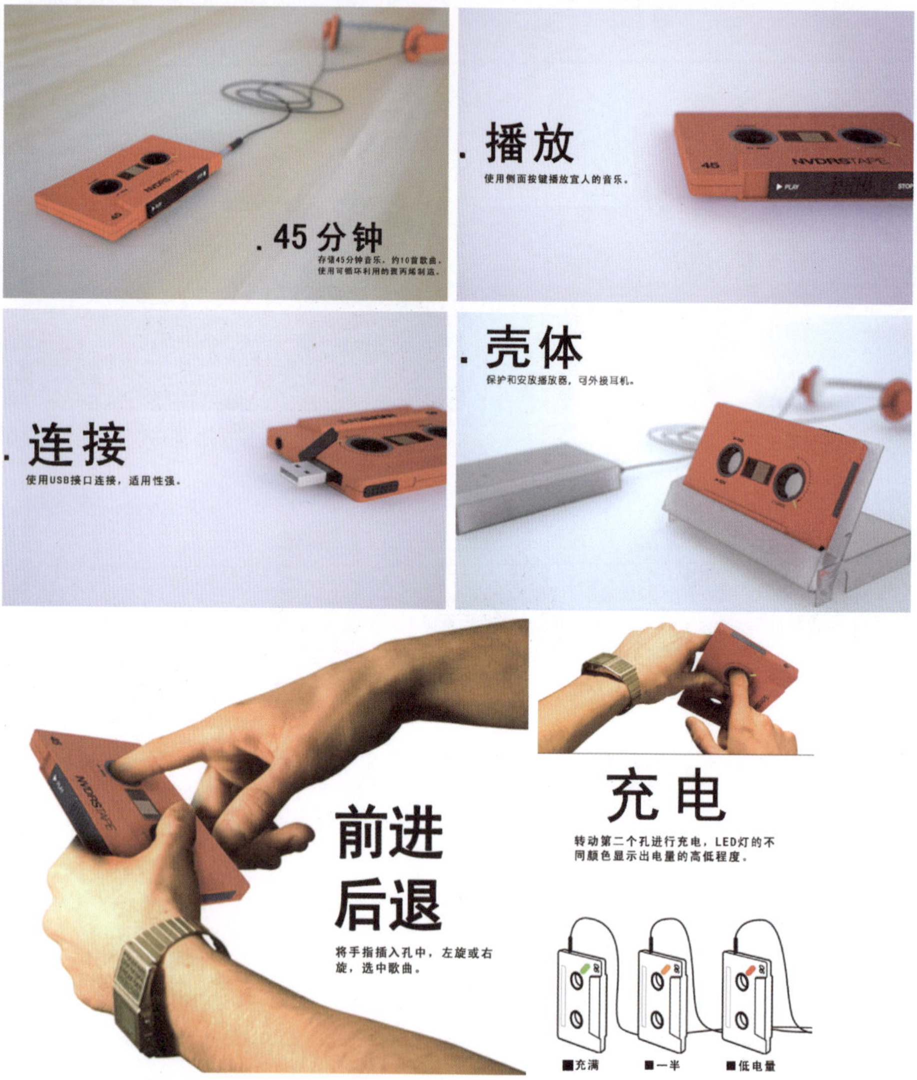

图5-45　诙谐的MP3设计

4. 雅趣

产品中的雅趣是一种生活格调的体现，表现出一种生活的精致、高雅和讲究。此类产品主要是从生活的细节入手。如图5-46所示的酒杯设计，就是充分考虑到人们用此类杯子饮酒时鼻子的尴尬处境进行的创意设计。

图5-46　葡萄酒酒杯设计

5. 情趣

从情感角度出发，一般它所体现的是甜蜜温馨的气氛（图5-47、图5-48）。

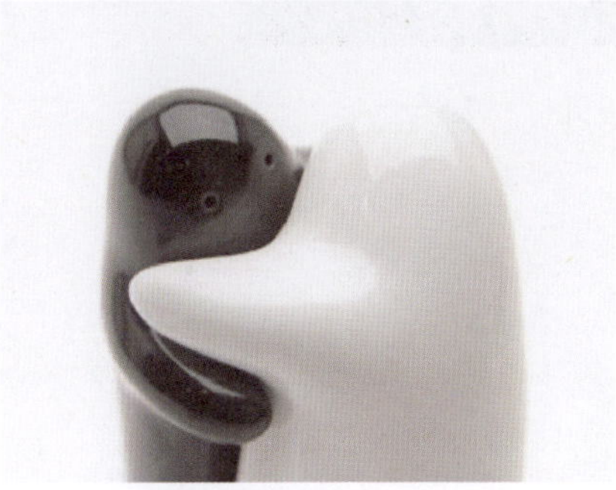

图5-47　创意调料瓶设计

图5-48　微笑餐盘设计

6. 稚趣

稚趣是人对无忧无虑的生活的向往，对童年的留念，对复杂世态的躲避和对人世险恶的恐惧。儿童的乐趣在于了无世故，一派天然。稚趣的产品没有太多的深度，多属于感官直觉类，相对肤浅，但讨人喜爱。通常表现为色彩亮丽，活泼，多为具象仿生，功能上则提倡傻瓜状，简单易学。图5-49～图5-52就是一些充满童趣的创意产品设计。

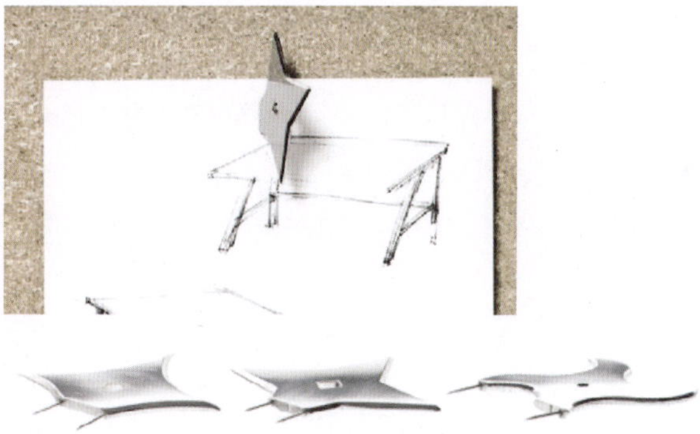

图5-49　飞镖图钉设计

图5-50　可以吹泡泡的刷子设计

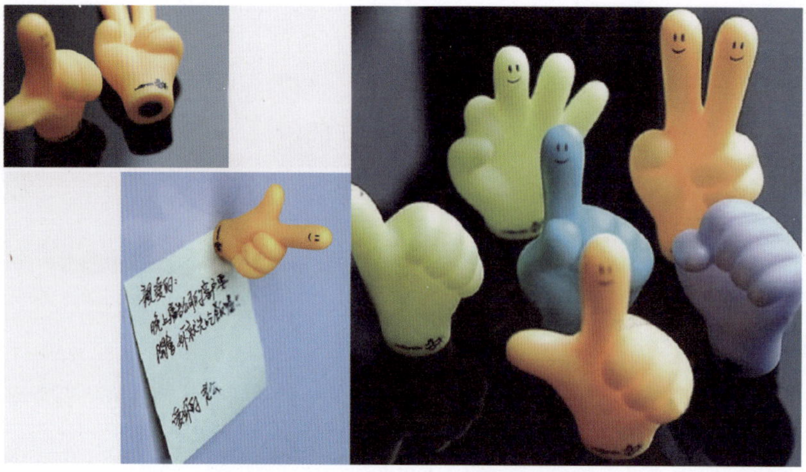

图5-51　剪刀、石头、布冰箱贴设计

图5-52　憨态可掬的组合文具设计

7. 奇趣

以出奇、夸张、怪诞的形式，使产品产生趣味（图5-53～图5-55）。

一般在构思趣味型的产品形态时可以从以下几个方面进行考虑：

① 可爱的产品形态。如利用卡通形态、契合形态、律动形态（图5-56）。

图5-53　创意塞子设计

② 生动的色彩搭配。色彩设计对产品形态的表达起着重要的作用，在情趣化的产品设计中色彩则更为重要。美国视觉艺术心理学家布鲁墨（Carolyn Bloomer）认为：“色彩唤起各种情绪，表达感情，甚至影响我们正常的生理感受。”（图5-57）。

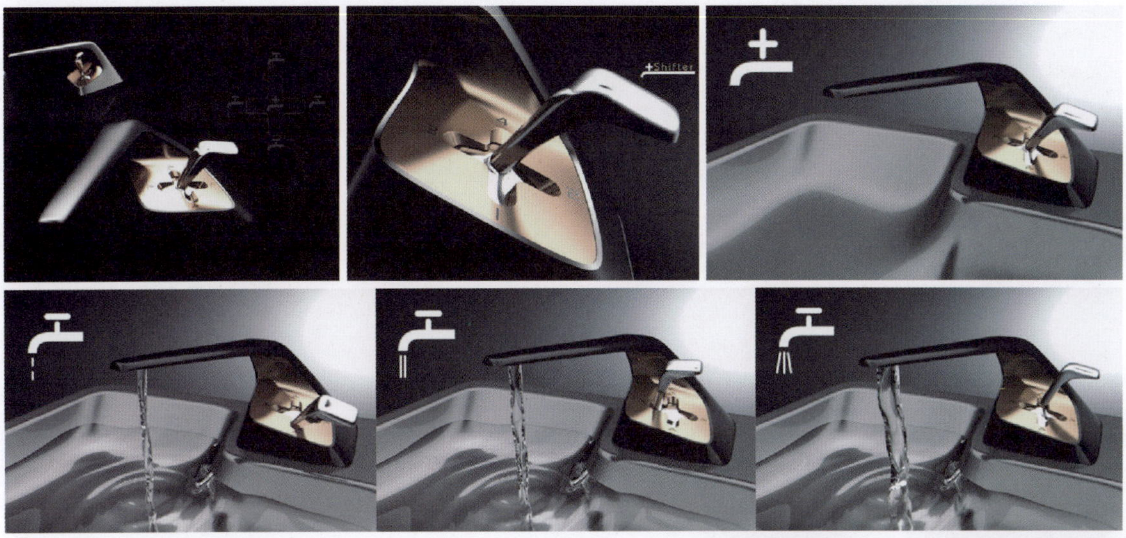

▲ 图5-54　有趣的水龙头设计

▲ 图5-55　看东西极其没食欲的减肥眼镜设计

▼ 图5-56　泰国著名的Mr.P系列趣味小产品设计

图5-57　趣味家具产品中的丰富色彩设计

③ 合理运用材质。材质也是表现产品视觉情趣语言不可或缺的要素，对产品形态的表达同样起着影响作用，产品材质的情趣语言很大程度上来自于人们对它的触觉体验，这种视觉和触觉的交融，让人们在使用产品的过程中产生丰富多彩的情感体验（图5-58）。

④ 设置巧妙的使用方式。产品在特定的使用环境中能够产生特别的情感联想，通过一次完美的使用体验来感受产品的趣味性，这才是产品设计的最终目标（图5-59～图5-63）。

图5-58　Adiri Natural Nurser奶瓶设计

图5-59　需要精确瞄准才能关闭的闹钟设计

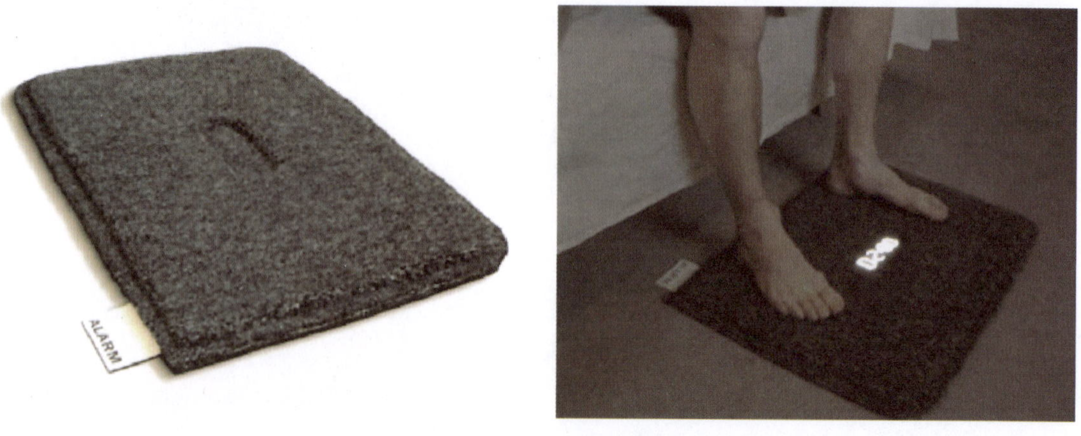

图5-60　只有起来用脚踩住才能关闭的闹钟地毯

图5-61　韩国设计师Jiyeon Song的设计，地上的字母投影是随阳光变化的不同部分诗句

图5-62　碎纸机时间提醒装置，这款日历表能够一天搅碎一张纸，同时达到提醒人家珍惜时间的目的

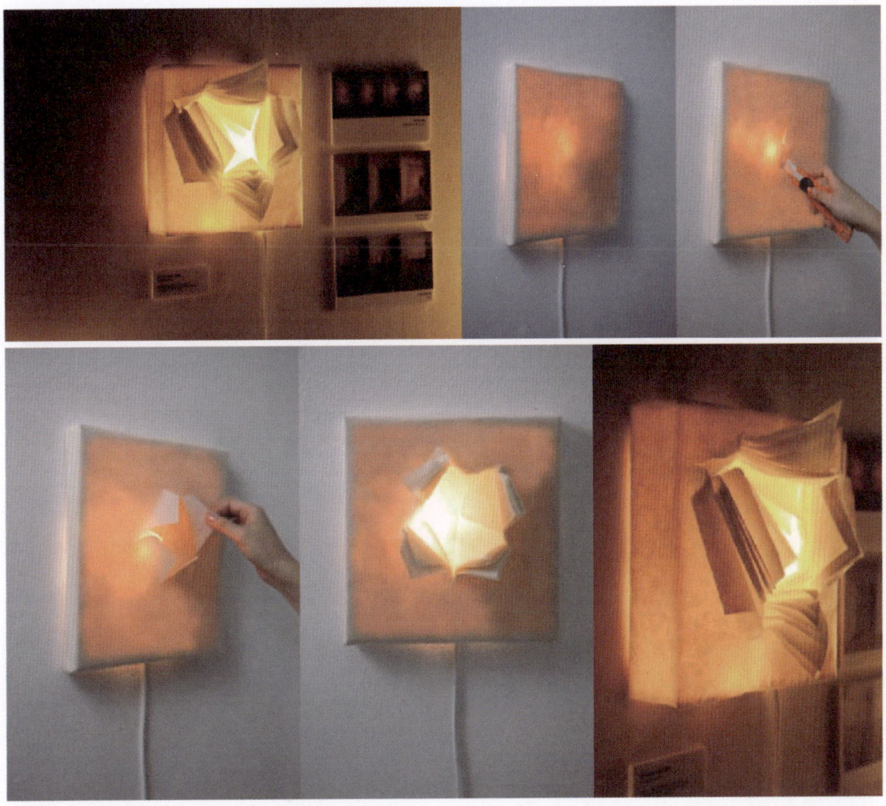

图5-63　有受虐倾向的壁灯设计

第6章

产品形态设计的程序

产品形态设计是产品开发的有机组成部分。要进行产品形态设计，必须要深入了解产品开发的程序，明确产品开发的任务和条件，越来越多的工业设计师参与到了企业的战略研究和产品规划工作。

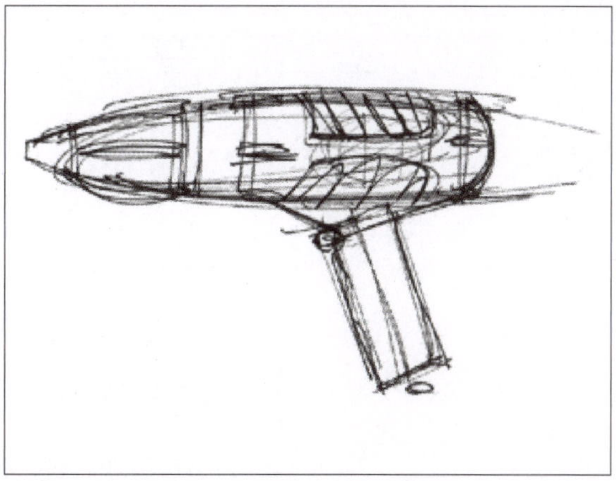

6.1 产品形态设计流程

随着经济全球化和信息技术的发展，产品开发充满了风险和挑战，各公司面临巨大的压力，迫使人们对产品开发做出细致的规划，按照科学的设计程序实施。设计程序是根据设计规律制定的，以保证设计目的实现的一种流程。一个定义明确的设计过程是产品开发成功的必要保证。然而，由于企业实际情况的差异，不同的企业采用的设计程序略有区别，即使是同一企业也可能对不同的开发项目遵循不同的设计过程（图6-1）。

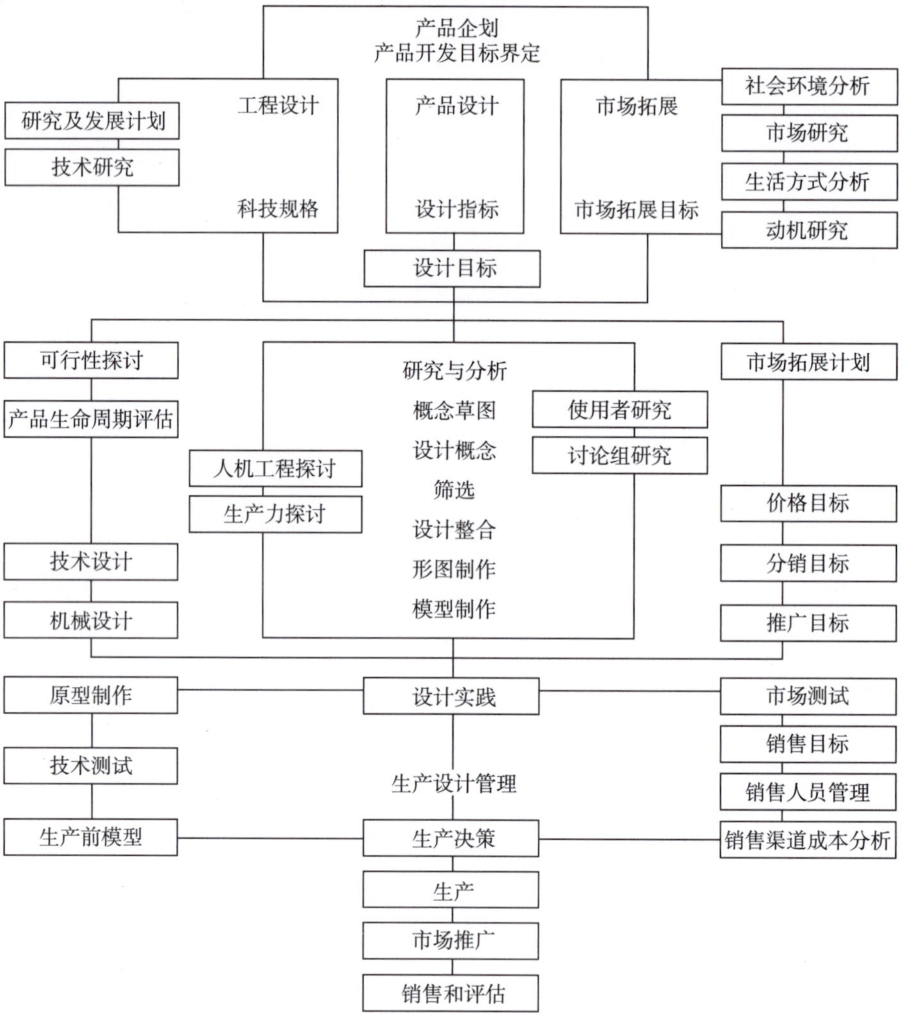

图6-1　一般产品的开发过程

6.2 设计任务与设计计划

产品设计是有目标、有计划、有步骤的创造性活动，每一个设计步骤都是一种解决问题的过程，直接关系到时间、资金、人力及设备的合理配置。在明确设计任务的前提下，要依据设计程序，合理考虑资源配置，制定切实可行的设计计划。

6.2.1　设计任务

任务是设计的起点和设计评价的依据。在接受委托方的设计项目后，不仅要明确设计内容，而且要领悟委托人所要达到的设计目标和要求，做好充分的沟通工作，避免设计师和委托方之间的理解偏差。

设计任务在企业内部通常体现为设计任务书，主要包括产品描述、关键目标、细分市场、假设与约束、相关利益者等内容。

NUST 大学无绳手枪钻课题设计任务书：家用便携式无绳手枪钻，目标用户16~60岁，感性造型，最大性能参数：230mm、210mm、70mm，重量≤2.5kg，18V电池。

6.2.2　设计计划

对于任何产品设计项目，都需要制定合理的设计计划，控制进度，保持与所有正在平行进行的工作和即将开始的行动之间的联系。

设计计划主要包括设计阶段的划分和时间分配。设计阶段的划分应以设计流程为依据，根据实际情况，灵活掌握；在时间的控制上，着重考虑每个阶段的目的、任务、要点、难点和设计资源，充分估计每个环节所需的实际时间。

Gantt图是基本的和较为流行的规划和调度工具，如图6-2所示。

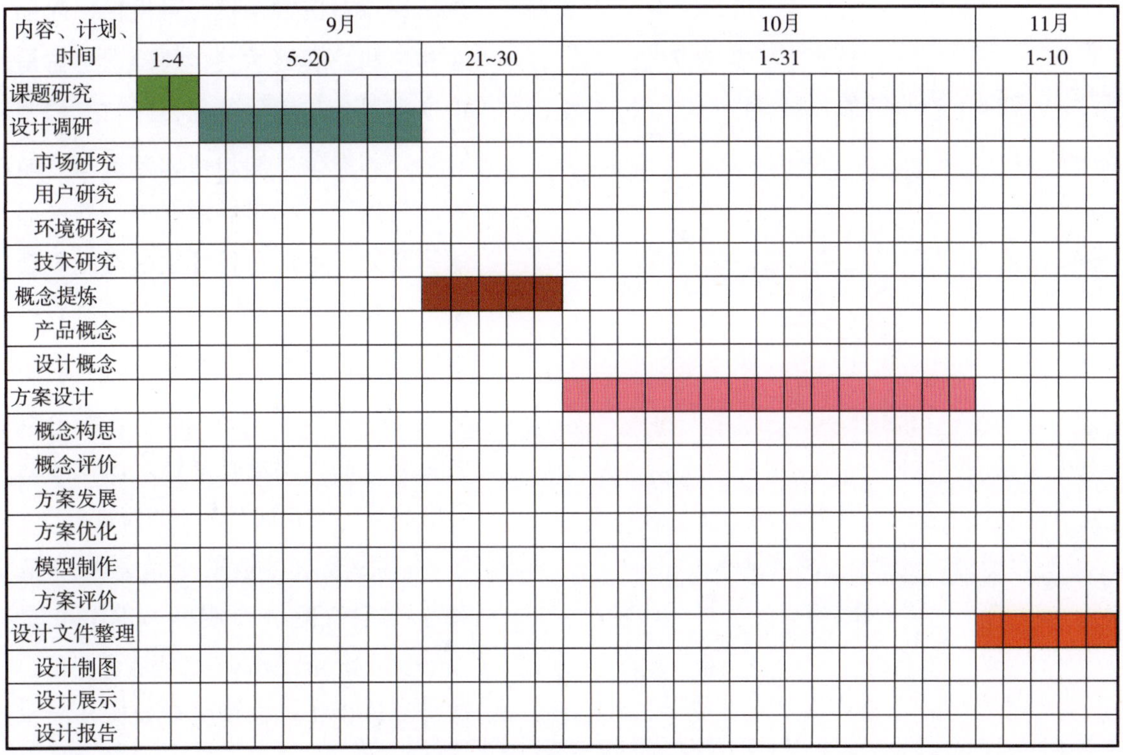

图6-2　产品设计计划Gantt图

6.3 设计调查

设计不是一种盲目的活动，设计是一个解决问题的过程。产品设计的起步必定是从设计调查开始。只有通过调查研究，才能发现问题和认识问题。设计师也只有在充分认识问题的基础上，才有可能去寻求和探索解决问题的方法。无疑设计调查是生成产品概念和设计概念的先导。设计调查的主要内容如图6-3所示。

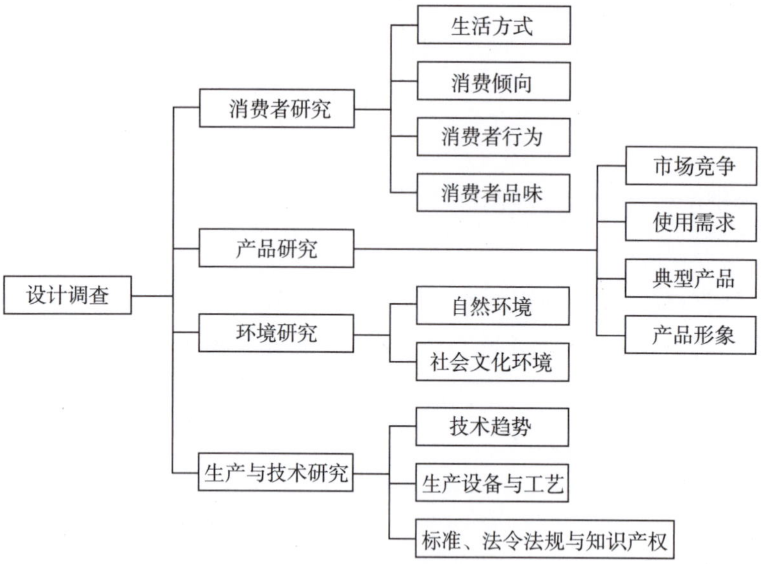

图6-3　设计调查的主要内容

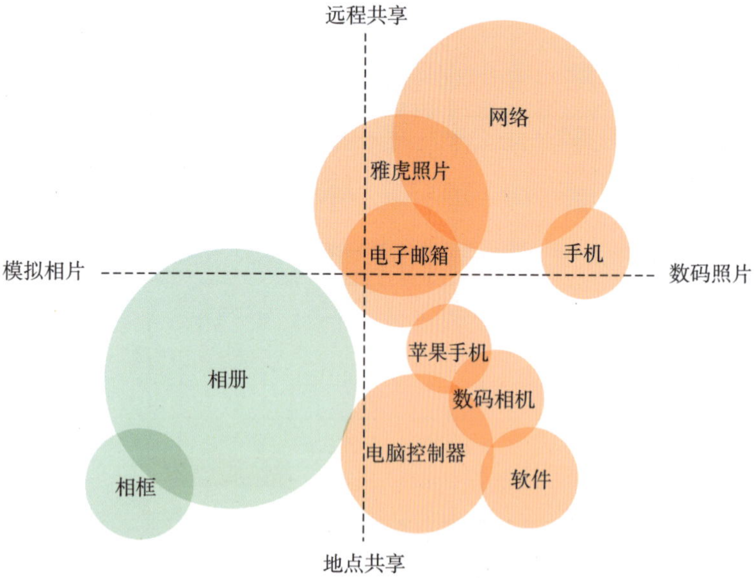

图6-4　Cherish Smart 数码相框的概念分析

6.4 产品概念

产品的顾客满意程度以及成功商业化的程度，几乎完全取决于基本概念的质量。

产品概念就是赋予产品以特征和个性。产品概念就是依据设计调查与分析，找到产品的亮点，并将其明确化，成为产品开发设计的指导方针。

产品概念应具有明确的外部识别性、用户适应性、生产可行性、内部区隔性和品牌继承性。外部识别性是指产品概念与竞争产品相比较有鲜明的个性和特征；用户适应性是指产品概念要满足目标市场潜在用户的产品体验要求；生产可行性是指产品概念要具备技术、工艺、成本等多方面的制造潜力；内部区隔性是指产品概念要考虑品牌内部产品的层级关系，避免重叠；品牌继承性是指产品概念应考虑品牌个性和现有产品的特征。

产品概念可借助于情景故事法和坐标定位图进行明确。图6-4 是 Cherish Smart 数码相框的概念分析，通过坐标定位图研究人们对照片的存放、查看以及分享行为，绿色表示人们对传统照片的存放、查看行为，橙色表示数码时代人们对照片的查看、分享行为，Cherish Smart 数码相框希望将橙色部分结合到蓝色部分。

图6-5 是Cherish Smart 数码相框的情景故事图，形象地说明了利用Cherish Smart 数码相框满足人们在家中对数码照片的传输、查看以及分享需要，有助于建立该数码相框的产品概念。

图6-5　Cherish Smart数码相框的情景故事图

6.5 设计概念

设计概念是在产品概念的指导下，基于特定的产品使用对象或特定的意义，将产品的使用方法、机构、形式、色彩等构想具体化，设计概念的构想要参考市场调查和产品概念的立案过程。

对产品形态设计而言，设计概念的主要内容就是明确产品视觉形象的关键信息和关键术语，一般用文字和图形相结合的方式将产品的形态语言呈现出来。

NUST 大学无绳手枪钻的形态设计概念用词语表示为侵略性、未来感、生活气息，以及粗犷、有力、有趣、自信、自由、人性化等若干方面，语义的图形参考如图6-6所示。

图6-6　NUST 大学无绳手枪钻设计概念参考图片

6.6 方案设计

方案设计依据产品概念和设计概念实施，主要包括概念构思、概念评价、方案发展、方案优化、展示模型制作等五个阶段。

6.6.1 概念构思

概念构思是以产品概念和设计概念为基础发展的基本设计方案。在概念构思阶段，以产品语言、用户为导向及技术使用功能为基础，是平行发展的，并且逻辑化地组合在一起。

概念构思需要跳跃性的感性思维，允许非常规的、不平凡的构思，要延迟评判，尽可能多地获取宽泛的、可选择的、可能性的方案。工程师们重点在寻找技术的解决方案；工业设计师则集中考虑建立产品的形态。工业设计师常采用概念草图表现不同的可供选择的概念构思，概念草图的数量一定要多，只有通过大量的草图构思，才能最大程度地扩展设计师的设计思路，才有可能筛选出较为理想的设计构思。

概念草图又称“指甲图”，是一些简单的草图，具有一定的跳跃度，形式多样，往往在同一画面里既有透视图、平面图、剖视图，又有细部图甚至是结构图，如图6-7、图6-8所示。概念草图可分为思考性草图和交流性草图。思考性草图偏重于思考过程，偏重于对形态和结构的推敲，往往是片段性的，显得轻松而随意；交流性草图用于设计团队成员之间或与设计委托人之间的信息交流，相对比较完整。

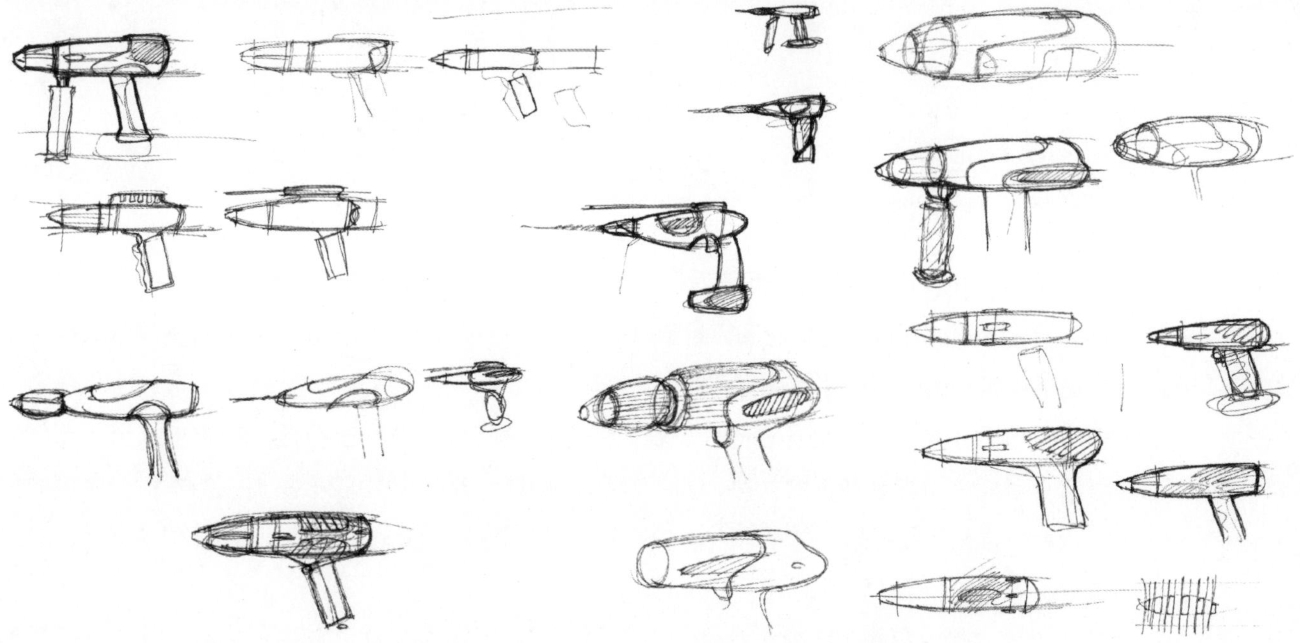

图6-7 NUST 大学无绳手枪钻早期概念草图探索

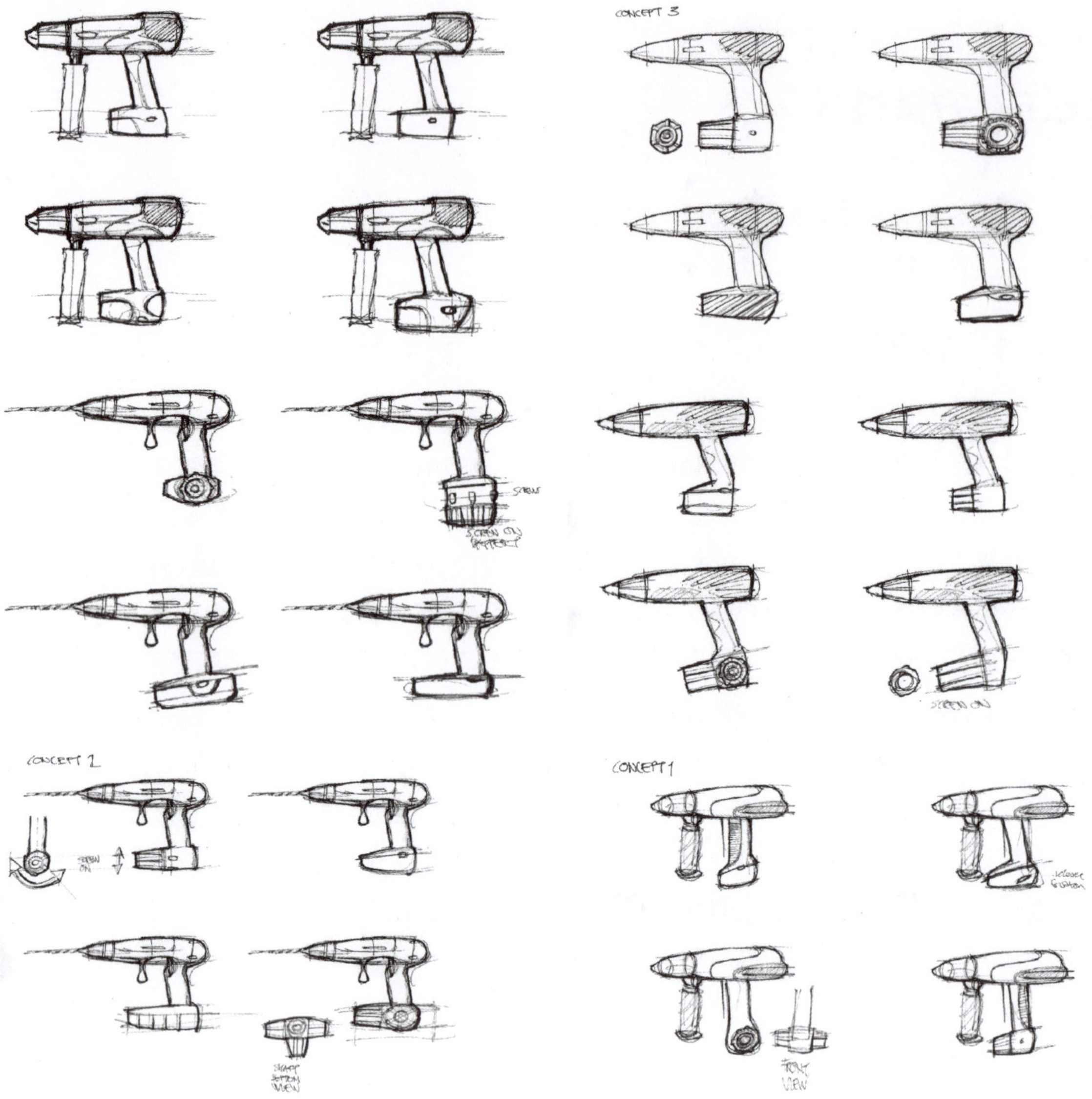

图6-8　NUST 大学无绳手枪钻指甲图

6.6.2　概念评价

草案评价的目的是确定设计方向，保留有价值的设计草案，以便于做进一步的深入设计。草案筛选必须以产品概念和设计概念为依据，一方面要借助于设计师的直觉和经验，另一方面要由设计团队借助草模进行评判。

草模用于构思方案的早期阶段，通常是全比例模型，但比较粗糙，不要求细部，制作的材料尽可能采用容易加工的材料，如纸制品、油泥、PU、质地较松易加工的木材。草模的主要功能是推敲产品的形态关系、大体的比例、尺度及基本的造型结构。在可能的情况下，应建造尽可能多的模型（图6-9）。

草模评价通常是由工业设计师、工程师、市场营销人员及潜在用户，通过触摸、感受和修改这些模型而进行的。

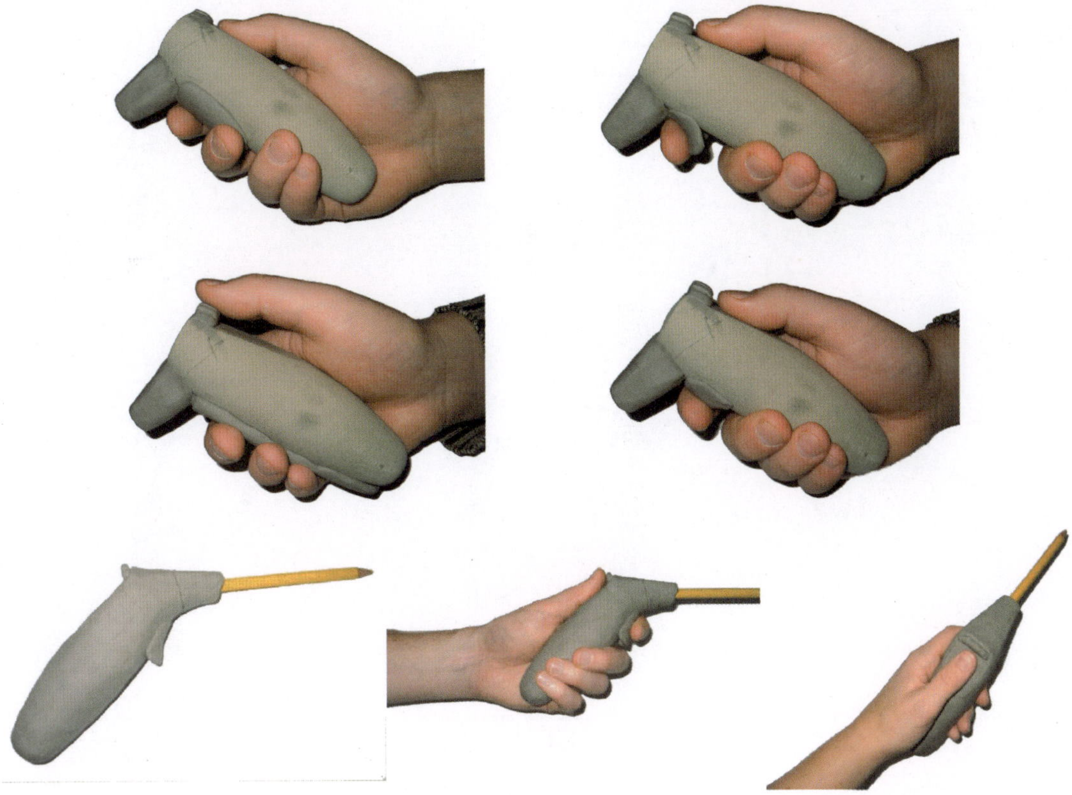

图6-9　内置触觉传感器显示腹腔镜概念草模

6.6.3　方案发展

概念构思通过筛选后，设计师就可在一些较小的范围内对概念再一步深化、发展，可通过草图细分、绘制效果图、制作模型等形式进行（图6-10）。

在方案发展过程中，要逐步与探索中的技术方案进行匹配和组合。同时，要兼顾客户要求、技术可行性、成本和制造等方面的因素，进行分析、比较、调整和筛选。

概念的过滤和评估是不断进行着的，其动机是寻找最合适和可行性最高的方案。通过展开、评价、收敛、再展开……使设计深入地向前发展，逐步收敛于某一特定方案。

6.6.4　方案优化

经过方案发展阶段后，产品的形态已基本确定，但设计细节有待于进一步完善。对产品形态的细部进行重点设计和推敲，有助于提高产品设计的整体质量（图6-11）。福特公司的汽车设计师认为“细部设计是赋予整体形态新生命的源泉”。

在方案优化阶段，产品形态要素应以尺寸为依据，对产品使用方式、人机关系、产品结构、制造可行性和成本反复斟酌，寻求最合适的细节设计方案（图6-12）。

通过方案优化，确立产品形态设计方案，并以正式的产品效果图和色彩方案图予以表达（图6-13～图6-16）。

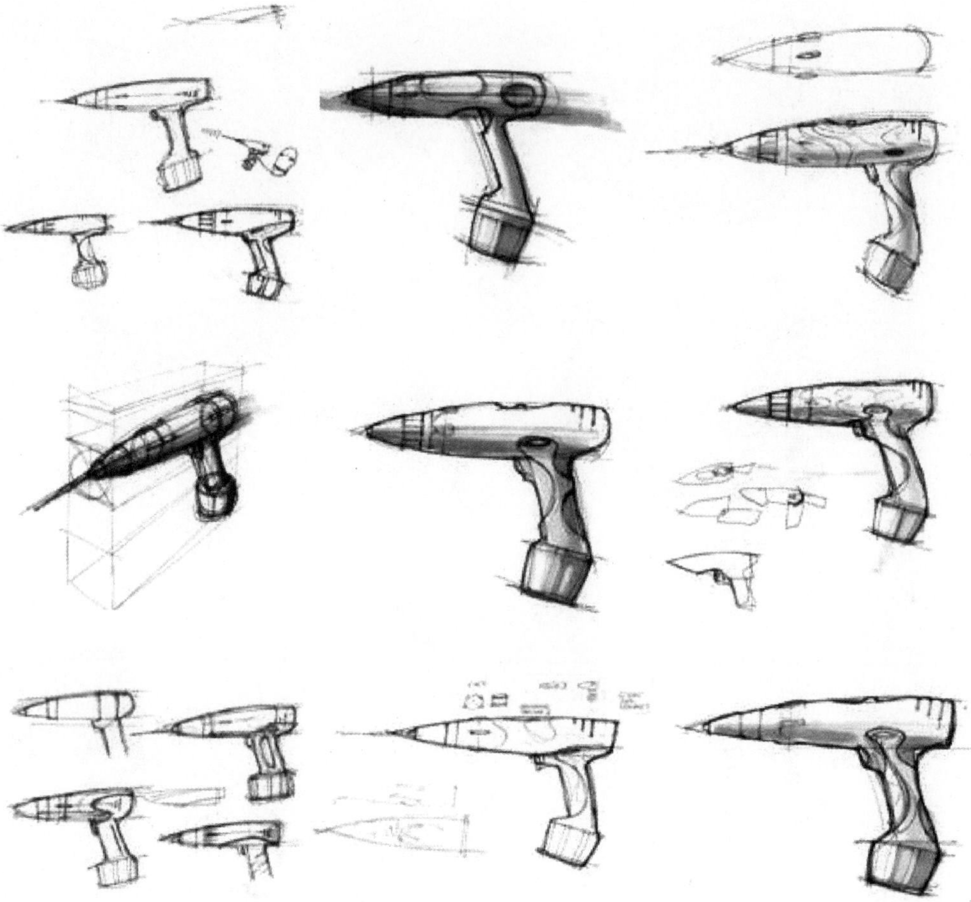

图6-10　NUST 大学无绳手枪钻方案发展草图

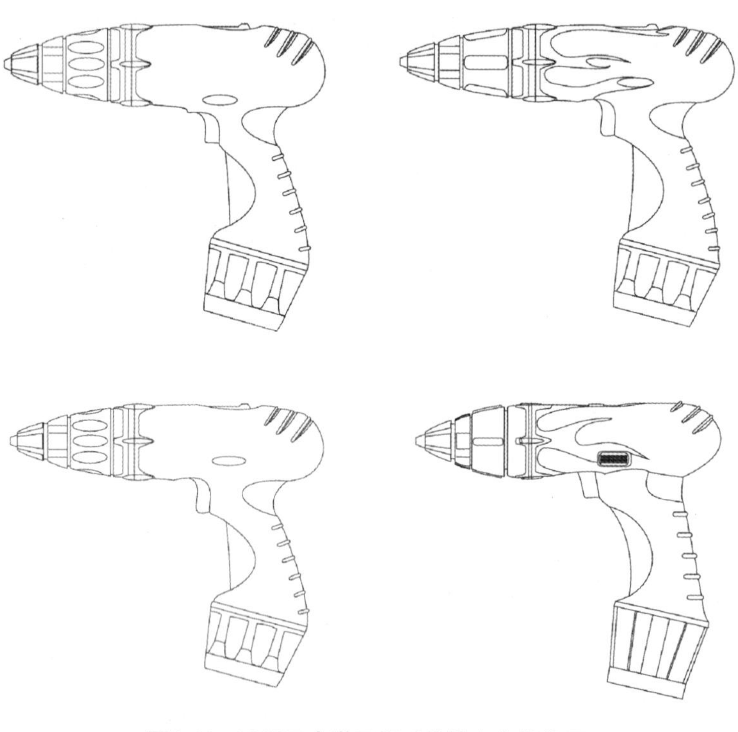

图6-11　NUST 大学无绳手枪钻方案优化图

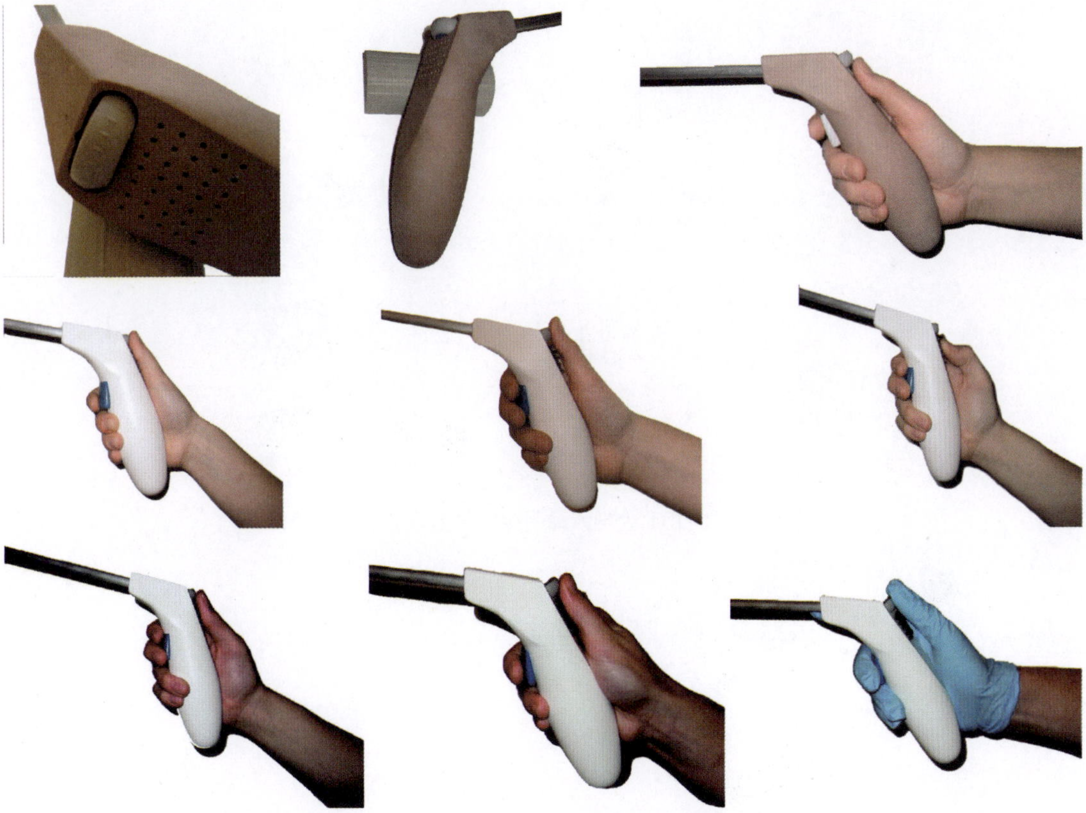

图6-12 内置触觉传感器显示腹腔镜方案优化与评价模型

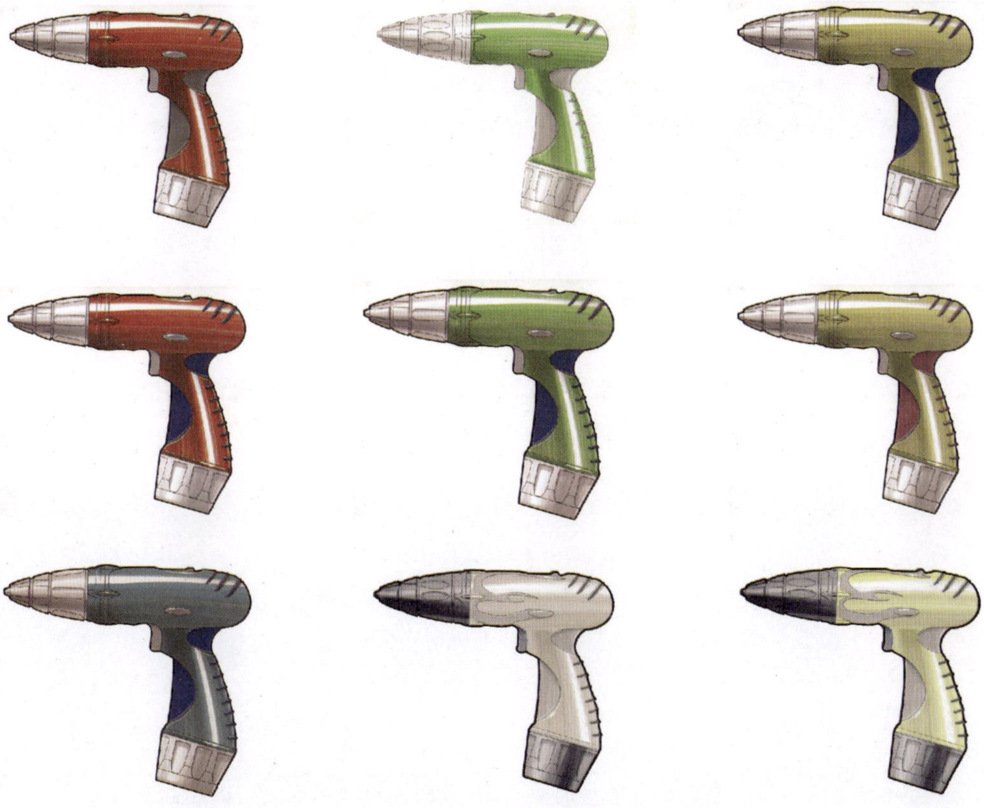

图6-13 NUST 大学无绳手枪钻色彩方案构思图

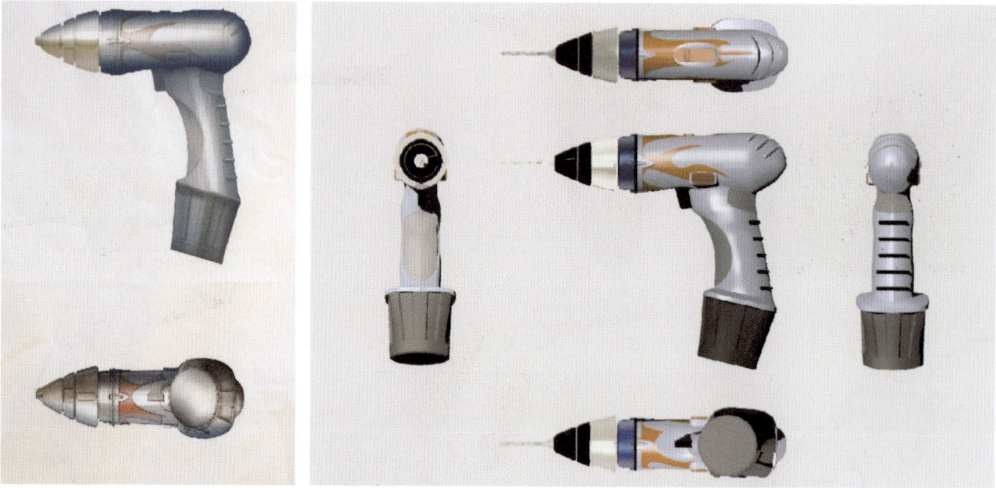

图6-14　NUST 大学无绳手枪钻形态设计方案渲染图

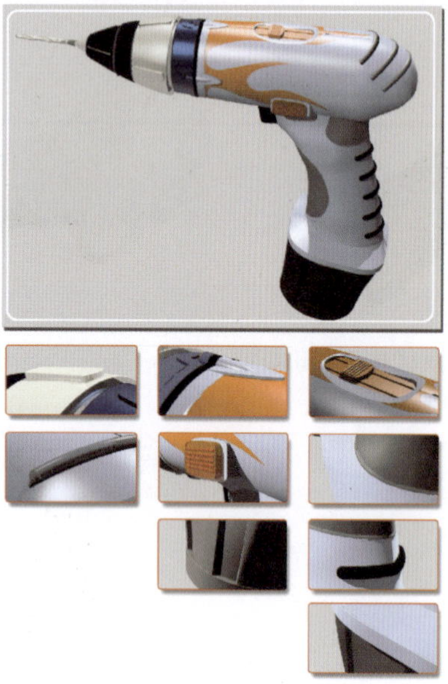

图6-15　NUST 大学无绳手枪钻形态设计细部展示图

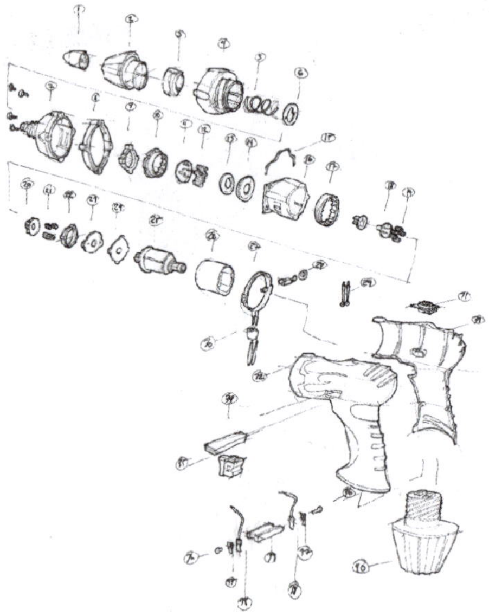

图6-16　NUST 大学无绳手枪钻爆炸图

6.6.5　展示模型制作

为检验设计方案，减少和避免产品由二维形象向三维实体转换过程中出现的问题，进一步提炼设计方案，有必要制作产品展示模型（图6-17）。

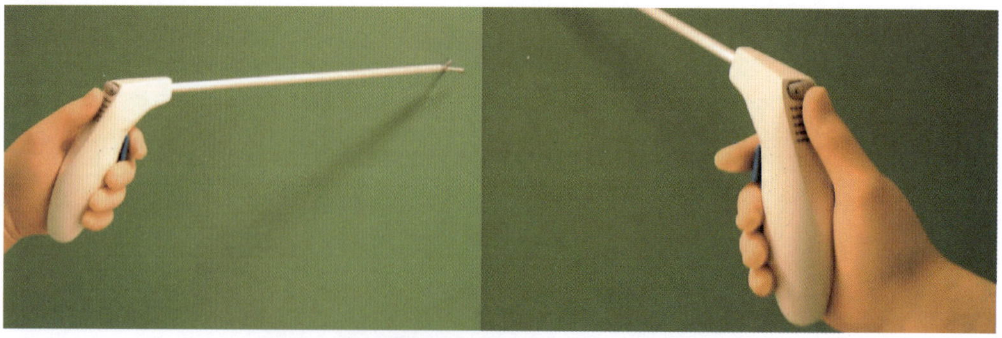

图6-17　内置触觉传感器显示腹腔镜展示模型

展示模型具有非常真实的外观和手感，非常接近最终的产品，但不具备技术功能。要求细节表达的真实和充分，要进行表面喷涂和制作表面肌理，并具备某些工作特性，如可以按动的按键、打开的结构等。有利于推敲和完善产品，为设计定型提供依据。

展示模型通常由木材、高密度泡沫、工程塑料或金属制成，随着快速原型技术的发展，各种新型材料逐渐进入模型制作领域。

展示模型可以真实地再现产品效果，用于内部展示、收集用户反馈信息，也可用于展示、陈列和推广产品。

6.7　方案评价

设计方案完成后，要依据设计任务书，对设计方案进行评价，简明、客观地说明设计方案的优缺点。

对产品形态设计而言，因产品的使用功能、使用对象、企业的不同，具体的内容和侧重点也有所不同，评估原则没有一个固定的标准，但普遍由注重实用性、功能性转向对人性的关注，对品牌的关注，注重环境、生态的保护。

设计评价的实质是主观的，评价人员可由决策者、专家、设计师、营销人员、潜在用户等构成，也可采用上述部分人员进行组合，运用坐标法、语义差分法等多种形式进行评价（图6-18）。

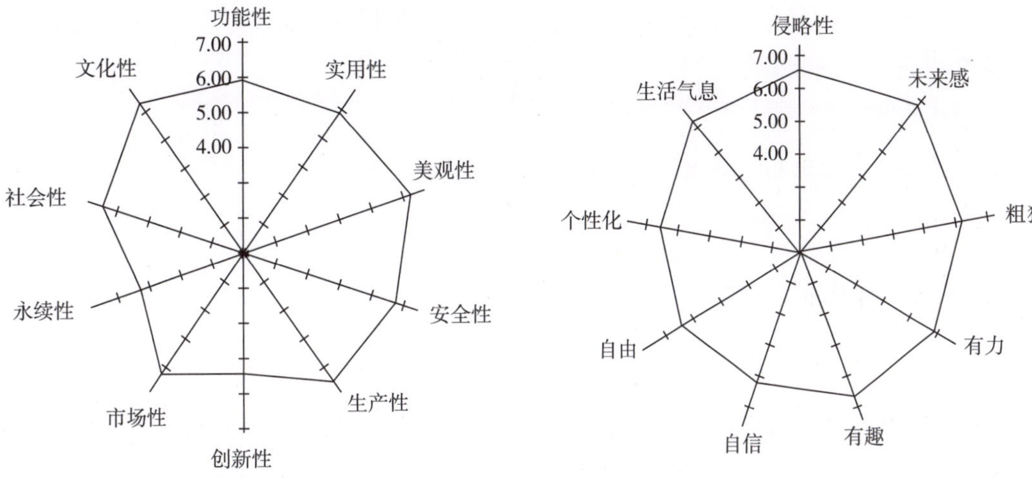

图6-18　产品评价雷达图

6.8　设计文件

设计文件主要包括设计报告、设计展示和设计制图三部分内容，是对设计工作的全面总结与汇报，不仅要注重内容的完整性与简洁性，而且要注重形式的设计感。

6.8.1 设计报告

设计报告是设计工作的总结，是交由委托方或企业管理层决策的重要文件。

设计报告要全面、精炼、突出重点，是以文字、分析、图表、草图、效果图、照片等形式组成的设计过程的综合性报告，主要包括以下内容：

① 封面。

② 目录。

③ 设计任务说明与设计进程表。

④ 设计调查（用户生活形态研究、同类产品比较、使用状态及使用环境分析等）。

⑤ 产品概念与设计概念。

⑥ 概念构思与评价（草图、草模图片及说明等）。

⑦ 方案展开与优化（产品效果图、人机分析、技术可行性研究、色彩方案等）。

⑧ 方案确定（外形尺寸图、展示模型照片等）。

⑨ 方案评价。

6.8.2 设计展示

设计展示是设计师思想的概括表达，以使相关人员充分理解设计意图。设计展示可采用设计版面或多媒体动态展示等多种形式，主要包括以下内容：

① 设计前言。

② 设计调查（用户生活形态研究、同类产品比较、使用状态及使用环境分析等）。

③ 产品概念与设计概念。

④ 草图与草模。

⑤ 效果图、人机分析、技术可行性研究及色彩方案。

⑥ 三视图、展示模型等。

6.8.3 设计制图

设计制图可以精确地对产品外观造型进行控制，为工程结构设计提供依据。

设计制图必须严格符合工程制图的国家标准，通常较为简单的设计制图包括按照正投影法绘制的产品三视图、产品形态构成的关键零部件图（图6-19）。

6.9 原型测试与修改

“原型”是“我们关心的一个或多个维度上对产品的一种近似”。原型测试是产品投产前必不可少的步骤，原型包括α原型、β原型和预生产原型。α原型如图6-20所示，通常用于评估产品是否如预期工作，零件通常在材料和几何形状上与用于生产产品的零件相似，但是它们通常

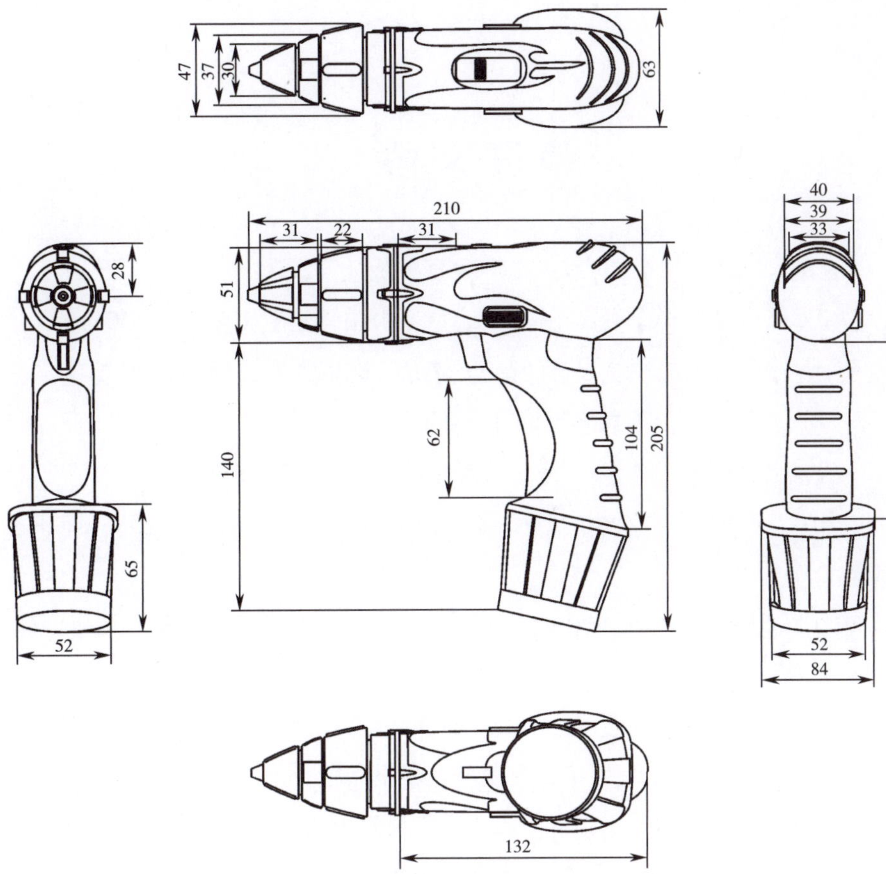

图6-19 NUST 大学无绳手枪钻尺寸概略图

是用原型制作工艺加工出来的；β 原型通常用于评估产品的可靠性和找出残留缺陷，经常交由顾客在预想的使用环境中进行测试，β 原型的零件通常是由实际的生产工艺制造或由预期的零件供应商提供，但产品通常不是由预想的最终装配设备所装配的；预生产原型是用完整的生产工艺制造的第一批产品，被用于验证生产工艺能力，进行进一步测试并通常提供给优先顾客。

原型测试的目的是为了检验产品设计成果和寻找发现问题，对于出现的问题应及时解决，并修改相应的设计文件和工艺文件。

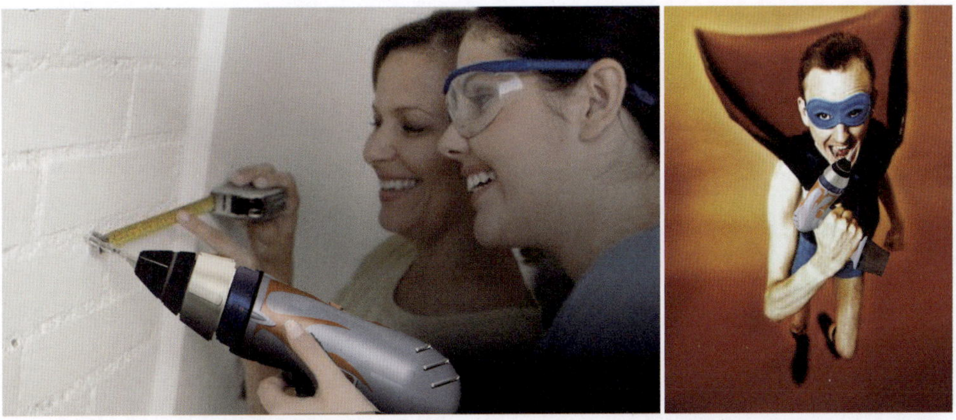

图6-20 NUST 大学无绳手枪钻 α 原型展示图

参考文献

[1] 杨永善. 陶瓷造型艺术［M］. 北京：高等教育出版社，2004.

[2] 刘国余，沈杰. 产品基础形态设计［M］. 北京：中国轻工业出版社，2001.

[3] 张凌浩，刘刚. 产品形象的视觉设计［M］. 南京：东南大学出版社，2005.

[4] 韩巍.形态［M］. 南京：东南大学出版社，2006.

[5] 高桥正弘. 从概念至产品［M］. 香港：香港生产力促进局，1999.

[6] Kevin N Otto， Kristin L Wood. 产品设计［M］. 齐春平，等译. 北京：电子工业出版社，2005.

[7] Karl T Ulrich， Steven D Eppinger. 产品设计与开发［M］. 詹涵菁，译. 北京：高等教育出版社，2005.

[8] 张凌浩. 下一个产品：产品专题设计研究［M］. 南京：江苏美术出版社，2008.

[9] 陈炬. 产品形态语意［M］. 北京：北京理工大学出版社，2008.

[10] 顾宇清. 产品形态分析［M］. 北京：北京理工大学出版社，2007.

[11] 桂元龙，杨淳. 产品形态设计［M］. 北京：北京理工大学出版社，2007.

[12] 崔天剑，李鹏. 产品形态设计［M］. 南京：江苏美术出版社，2007.

[13] 张凌浩. 产品的语意［M］. 北京：中国建筑工业出版社，2005.

[14] 孙颖莹，傅晓云. 设计的展开［M］. 北京：中国建筑工业出版社，2005.

[15] 潘祖平. 基础造型［M］. 南昌：江西美术出版社，2009.

[16] 李妮. 产品的趣味化设计方法［J］. 工程图学学报，2006（5）：115.

[17] 何人可. 工业设计史. http://jpkc.hnu.cn/gysj/zx/.